Soloban

Die traditionelle japanische Rechenkunst

von

Hubert Hug

Bibliografische Information der Deutschen Nationalbibliothek: Die Deutsche Nationalbibliothek verzeichnet diese Publikation in der Deutschen Nationalbibliografie; detaillierte bibliografische Daten sind im Internet über dnb.dnb.de abrufbar.

© 2016 Hubert Hug
Herstellung und Verlag:
BoD – Books on Demand, Norderstedt

ISBN: 9783743153356

Soloban
- Die traditionelle japanische Rechenkunst -

Zusammenfassung

In versteckten Geschäften Japans, in Seitengassen, wo Touristen kaum hinkommen, schiebt die Verkäuferin innerhalb eines kleinen Holzrahmens mit flinken Fingerbewegungen Rechensteine auf oder ab, um aus einem Perlenmuster ein Ergebnis vorzulesen. Nicht selten begegnet man dort auchMenschen, die nach dieser Methode in derselben Geschwindigkeit im Kopf rechnen. Wir wollen hinter dieses Geheimnis kommen.

Der Soloban ist vom chinesischen Abakus abgeleitet und verfeinert. Mit Rechensteinen werden die vier Grundrechenarten in Millionenhöhe von trainierten Menschen schneller als mit einem Taschenrechner ausgeführt. Dazu kommt ein visuelles Gedächtnistraining. Ziel ist es an einem imaginären Soloban die Rechensteine im Geiste zu verschieben, um so verblüffend schnell und frei von materiellen Hilfen mit großen Zahlen zu rechnen. Diese Methode, also das gedankliche Verschieben der Rechensteine nach den Solobanregeln, heißt Anzan.

Noch lernt fast jedes japanische Kind Soloban und je nach Begabung auch Anzan in der Grundschule. Doch nicht mehr sonderlich motiviert: denn das Kind weiß schon, dass diese Denkarbeit von den westlichen Rechenmaschinen bequemer und moderner, aber nicht unbedingt schneller und zuverlässiger, erledigt werden kann. So wird das Solobanrechnen als nicht mehr zeitgerecht abgetan, verdrängt und vergessen.

Soloban und Anzan können zur Unabhängigkeit von elektronischen Rechenmaschinen und zu einem selbstsicheren Umgang mit Zahlen verhelfen. Auch sind sie in der Lage, zur Wiederentdeckung von ruhenden Bereichen der eigenen geistigen Fähigkeiten zu führen. Das Buch soll neben den detaillierten technischen Beschreibungen helfen, diese traditionellen japanischen Rechenkünste in Deutschland bekannt zu machen.

Schneller als ein Taschenrechner

Singend vorgelesene Zahlen durchdrangen den Saal. Die Schulkinder standen und addierten die Zahlen ohne zusätzliche Hilfsmittel im Kopf. Nach Verkündigung des Ergebnisses, setzten sich die Schüler mit falschem Ergebnis und schieden dadurch aus dem Wettbewerb aus. Das Ergebnis, das sie im Kopf hatten, konnte niemand nachprüfen. Nur die noch stehenden Schülerinnen und Schüler nahmen an der Fortsetzung des Wettbewerbs teil.

Die Werte der vorgelesenen Zahlen wurden höher und höher. Nur zwei Mädchen blieben schließlich stehen. Sie traten zum letzten Test auf die Bühne. Auf einer Tafel erschienen dreistellige Zahlen und sie sollten miteinander multipliziert werden. Die Mädchen schauten einen Sekundenbruchteil auf die Zahlen und begannen dann sofort die Ergebnisse auf die Tafel zu schreiben. Für die Zuschauer leuchteten die Resultate auf einer für die Mädchen nicht sichtbaren Leinwand im Hintergrund. Alle Antworten waren richtig. Das Spiel wurde mit Divisions- und Additionsaufgaben fortgesetzt. Die beiden Mädchen sahen die Zahlen, bewegten einen Daumen über die andere Handfläche und schrieben das Ergebnis fast zeitgleich auf. Dann drehten sie sich um, den Blick gelassen auf das Publikum gerichtet.

Das Gehirn für komplizierte Rechenoperationen benützen zu können, ohne Rechner oder Computer, muss ein befreiendes Gefühl sein: Maschinen nur als Hilfe, nicht aber, um das Denkgefühl zu mindern. Die individuelle Unabhängigkeit wird nicht zerstört, Fehler sucht man geduldig im eigenen Denken, nicht bei Maschinen.

So verwendet man zum Rechnen nur ein kleines Holzgestell mit verschiebbaren Rechensteinen. Das im Geist vorliegende Bild einer Rechenoperation wird mit den Rechensteinen geschoben, bis man schließlich - nach einiger Übung - auf das Steineschieben mit den Fingern ganz verzichtet und nur noch imaginäre Rechensteine vor sich sieht.

Als die ersten elektronischen Rechner in Japan eingeführt wurden, überprüften Solobanspezialisten deren Ergebnisse mit einem Soloban, da man der fremden, neu eingeführten Technik zunächst misstraute. Heute setzt man wie im Westen blindes Vertrauen in elektronische Rechenmaschinen.

Das Lesen der Zahlen

Ein Soloban besteht aus einem rechtwinkligen Rahmen mit mindestens neun vertikalen Säulen, die je fünf Rechensteine (auch als Perlen oder Kugeln bezeichnet) enthalten (Abb. 1). Der oberste Stein ist durch einen Querbalken von den unteren vier Steinen abgesetzt. Die Lage der Rechensteine entlang der senkrechten Bambus-Stäbchen ergibt deren Wert. Die vier unteren Rechensteine haben je einen Wert von 1 (Einersteine) und mit diesen kann man rechnen, wie wenn man mit den Fingern zählen würde. Der oberste, durch den Querbalken getrennte Stein hat den Zahlenwert 5 (Fünferstein). Wenn in allen Zahlenlinien der oberste Stein oben, die vier Einersteine unten liegen, hat ein Soloban den Zahlenwert 0 (Abb. 1). Die Einstellung der Zahlenwerte von 1 bis 9 ist in Abb. 2 auf einem Soloban dargestellt. Hier liest man die Zahl 123456789 ab. Die Zahlen von 1 bis 4, die mit den unteren Einer-Rechensteinen eingestellt werden, sind in Abb. 3 einzeln gezeigt.

Wie beim römischen Zahlensystem wird die 5 als separate Einheit dargestellt. Wenn der Fünferstein nach unten geschoben ist, entspricht das der Zahl 5 (Abb. 4). Schiebt man gleichzeitig mit Daumen und Zeigefinger Einersteine nach oben und den Fünferstein nach unten, erhält man die Zahlen von 6 bis 9 (Abb. 4). So wird die römische VII, die aus V und II zusammengesetzt ist, mit einem Fünferstein und zwei Einersteinen auf dem Soloban in der Senkrechten eingestellt (Abb. 2).

Auf dem Balken enthält ein Soloban über jedem vierten Stäbchen ein Dezimalpunkt (Abb. 1). An den Rechensteinen irgendeines Stäbchens mit einem Dezimalpunkt beginnt man mit den Einern zu rechnen (Abb. 3 und 4). Zahlen höher als 9 lassen sich nun folgendermaßen bilden: Die Rechenstein-Säule links vor einer Säule mit einem Dezimalpunkt liefert die Zehner. Die Trennung der Zehner findet in der Senkrechten statt, wie wir es von unserem und dem römischen Zahlensystem schon gewöhnt sind. Wird so der erste der vier unteren Steine in der zweiten Säule vor dem Dezimalpunkt nach oben geschoben, erhält man 10 (Abb. 5). Werden zusätzlich in der Säule mit dem Dezimalpunkt, der Einersäule, Steine verschoben, können die Zahlen von 11 bis 19 gebildet werden. Mit Hilfe der Zehnerreihe lassen sich so zweistellige Zahlen ablesen. Das Beispiel für 36 ist in Abb. 5 angegeben.

Die Säule links von der Zehnersäule ist die Hundertersäule. Mit ihrer HIlfe können auf dem Soloban alle dreistelligen Zahlen eingestellt werden (Abb. 5). Links davon, wieder eine Säule mit einem Dezimalpunkt, ist die Tausendersäule (Abb. 5) und die weiteren linken Säulen geben die Zehntausender, Hunderttausender usw. an. Nach diesem Schema können alle ganzen Zahlen gebildet werden. Dabei werden je drei Stellen durch einen Dezimalpunkt getrennt. Das betrifft die Dezimalpunkte vor dem definierten Komma, also vor der Einersäule.

Rechts von der Einersäule ist die Säule, die die erste Stelle hinter dem Komma darstellt. Der Dezimalpunkt entspricht in diesem Fall, wie schon angedeutet, dem Komma (Abb. 6). Eine Stelle weiter rechts befindet sich die Säule, die der zweiten Stelle hinter dem Komma entspricht, rechts daneben die Säule für die dritte Stelle usw. (Abb. 6). Man erkennt bereits, dass man sich die Stelle, wo man das Komma gesetzt hat, genau merken muss. Bei Multiplikationen und Divisionen mit Kommazahlen wird das Komma markiert, indem man den linken Zeigefinger unter die Säule mit dem Komma hält. Das Komma muss in diesen Fällen nicht unbedingt mit einem Dezimalpunkt zusammenfallen, wie wir später noch besprechen werden.

Das Verschieben der Rechensteine

Stellen Sie Ihren Soloban kurz mit der oberen Seite schräg nach oben, so dass alle Rechensteine unten anliegen (Abb. 7). Legen Sie ihn danach wieder flach auf den Tisch, halten Sie ihn mit der linken Hand, und schieben Sie mit dem Fingernagel des rechten Zeigefingers von links nach rechts alle Fünfer-Rechensteine nach oben. Jetzt befindet sich der Soloban in Nullstellung (Abb. 1). Vor Beginn jeder Rechenoperation muss man auf diese Weise zurück in die Nullstellung gehen.

Die unteren vier Steine in einer Säule mit einen Dezimalpunkt können jetzt ausgehend von dieser Nullstellung nacheinander vom Zahlenwert 1 bis zum Wert 4 mit dem Daumen der rechten Hand nach oben geschoben werden. Um wieder auf null zu kommen, werden die Steine dann mit dem Zeigefinger derselben Hand nach unten geschoben. Für die Zahl 2 ist dies in Abb. 8 (oben) dargestellt.

Um von Null auf den Wert 5 zu kommen, wird der Fünfer-Rechenstein mit dem Zeigefinger nach unten geschoben. Mit dem Fingernagel desselben Zeigefingers schieben Sie ihn nach oben und sind so wieder bei 0 (Abb. 8, in der Mitte).

Die Zahlen von 6 bis 9 werden folgendermaßen eingestellt und entfernt: der oberste Rechenstein mit dem Wert 5 wird zusammen mit einem oder mehreren der vier unteren Einersteine mit dem Zeigefinger und Daumen der rechten Hand zusammengeschoben. Für die Zahl 8 ist dies in Abb. 8 (unten) dargestellt. Zahlen von 6 bis 9 werden entfernt, indem man zuerst den unteren Einerstein oder die unteren Einersteine mit dem Zeigefinger nach unten schiebt. Bewegt man den Zeigefinger dann nach oben, wird der Fünferstein nach oben geschoben (Abb. 8, unten) und man gelangt zur 0.

Sehr schnell − so wie man sich an das Lesen der Uhrzeit von einer Uhr mit Zeigern an eine digitale Uhr gewöhnt − kann man sich an die Darstellung der Zahlen mittels eines Solobans gewöhnen. Anstelle der arabischen Schriftzeichen wird sich allmählich das Bild der Rechensteine für eine Zahl im Gehirn etablieren und man erlangt die Fähigkeit, die Rechenschritte ohne die direkte Hilfe eines Solobans durchzuführen.

(Benützt man nur die Rechensteine der obersten Reihe (die Fünfersteine) und teilt ihnen die Werte 0 (Stellung unten) und 1 (Stellung oben) zu, so rechnet man im Zweiersystem. Entsprechend können die unteren vier Rechensteine (Einersteine) das Fünfersystem bilden.)

Herkunft und Entwicklung des Solobans

Jetzt wissen Sie, wie auf einem Soloban die Zahlen gelesen und eingestellt werden. Aber bevor wir mit dem Rechnen beginnen, sollen Sie erfahren, woher der Soloban eigentlich kommt. Der Soloban ist die japanische Perfektion des chinesischen Abacus. Der aus China eingeführte Abakus bestand in der oberen Reihe aus zwei Rechensteinen mit je einem Zahlenwert 5 und aus fünf Rechensteinen im unteren Teil mit je einem Zahlenwert von 1. Wie in vielen Bereichen haben die Japaner eine Grundidee importiert und diese weiterentwickelt. Der Soloban kommt mit weniger Rechensteinen aus. In jeder Säule fehlt je ein Fünferstein und ein Einerstein. Das Rechnen ließ sich derartig verfeinern, dass es möglich wurde, die Operationen sogar mit Hilfe eines imaginären Solobans, also nur im Geiste, auszuführen.

Das Abakus-Konzept lässt sich etwa 4000 Jahre zurück zu den Babyloniern verfolgen. Die alten Ägypter und Griechen führten die neue Methode in ihre Kultur ein. Sie streuten Sand auf eine Platte und malten mit den Fingern Furchen in den Sand. Das griechische Wort "abase" bedeutete "flaches Brett" und könnte aus dem hebräischen "abaq" (Staub) abgeleitet sein.

Später übernahmen und verbesserten die Römer diese einfache Rechenart und tauften ihr Rechengerät "Abakus". Sie ritzten Rillen in eine Metallplatte und ließen darin Kugeln laufen. Ein Stab befand sich quer über den Rillen, eine Kugel war über dem Stab und vier unterhalb, ähnlich dem heutigen japanischen Soloban. Das Ablesen der Zahlen und die Rechenmethode spiegeln sich in der Schreibweise römischer Zahlen wieder. Die Römer brachten ihren Abakus während der Han-Ära über die Seidenstraße nach China. Die Chinesen veränderten das System, indem sie ein Holzrahmen und hölzerne Rechensteine verwendeten. Sie fügten zwei Rechensteine hinzu - einen in die obere und einen in die untere Reihe. Im 13. Jahrhundert war dieser Abakus weit in China verbreitet.

Zwischen dem 15. und 16. Jahrhundert wurde der Abakus nach Japan gebracht, wo die beiden hinzugefügten Rechensteine wieder entfernt wurden, denn sie wurden dort nicht zum Rechnen benutzt. So gelangte man zu einem System, um übersichtlicher zu rechnen. Die japanische Variation des Abakus ist der Soloban. Es wird vermutet, dass die Rechentechnik des Solobans und damit der Erwerb eines sicheren Zahlengefühls unter anderem für die schnelle industrielle Entwicklung Japans beigetragen haben.

Neben dieser in Japan verbreiteten Lehre über die Geschichte des Solobans gibt es in China noch eine andere Version. Man vermutet dort, dass der Ursprung des Solobans bereits vor etwa 3000 - 4000 Jahren in China läge.

Eine Anmerkung zur hier verwendeten Schreibweise "Soloban": In der angelsächsischen Literatur findet man die Schreibweise "Soroban", da in der romanisierten japanischen Schrift (Romanji) ein "r" für den Laut "l" verwendet wird. In den meisten asiatischen Sprachen kann zwischen "r" und "l" nicht unterschieden werden. Mit einem "l" geschrieben entspricht Soloban der japanischen Aussprache am ehesten.

Addition und Subtraktion

Bringen Sie Ihren Soloban in die Nullstellung. Schieben Sie mit dem rechten Daumen den obersten der vier Einer-Rechensteine einer Säule nach oben, so lesen Sie den Wert 1 (Abb. 2). Schieben Sie anschließend den zweiten Stein auf die gleiche Weise nach oben so erhalten Sie 2. Sie haben damit 1+1 gerechnet (Abb. 9). Nach diesem Schema können sie bis zu einer Summe von 4 addieren. Die Additionen von 1+2=3 und von 2+2=4 sind ebenfalls in Abb. 9 dargestellt.

Ähnlich dem römischen Zahlensystem wird der Wert 5 mit einem einzigen, durch einen waagrechten Stab abgesonderten Rechenstein dargestellt. Um 4+1=5 zu rechnen, werden mit dem Daumen die vier Einersteine nach oben geschoben, der oberste Stein mit dem Wert 5 schiebt man anschließend mit dem Zeigefinger nach unten, so dass nun der Zahlenwert 9 eingestellt ist (Abb. 10, oben). Es sieht am Anfang umständlich und ungewohnt aus, denn Sie rechnen 4+5-4=5. So müssen Sie nun die vier Einer-Rechensteine mit dem Zeigefinger nach unten schieben, so dass man das Ergebnis 5 abliest (Abb. 10, oben). Weitere Additionsbeispiele, bei denen der Fünferstein verschoben wird, sind in Abb. 10 (weiter unten) dargestellt. Beachten Sie, dass die Addition 3+4 als 3+5-1 ausgeführt werden muss.

Einfache Subtraktionen werden wie in Abb. 11 gezeigt ausgeführt. Bei den Additionsaufgaben 4+1 und 3+4 in Abb. 10 sind bereits Subtraktionen (9-4 und 8-1) aufgetaucht. Zu beachten ist, dass bei der Subtraktion 8-7 (Abb. 11, zweitunterst) zuerst die beiden Einersteine mit dem Zeigefinger nach unten, danach der Fünferstein mit dem Fingernagel desselben Zeigefingers nach oben geschoben werden.

Die Subtraktion 7-4 (Abb. 11, unten) muss mit dem Soloban als 7+1-5 gerechnet werden. Zu 7 wird zuerst mit dem Daumen ein Einerstein hochgeschoben, so dass man 8 abliest. Mit dem Zeigefinger wird dann gleich der Fünferstein hochgeschoben und man erhält das Ergebnis

3. Dieses Vorgehen erscheint - am Anfang zumindest - umständlich und braucht Gewöhnungszeit.

Wenn das Ergebnis der Addition von einstelligen Zahlen grösser als 10 wird, muss zuerst die Differenz zu 10 der zu addierenden Zahl in der Einersäule abgezogen werden, anschließend wird 10 addiert. Wenn Sie z. B. 3+8 rechnen wollen, dann sind für das Ergebnis nicht genügend Rechensteine in einer Säule vorhanden und man muss daher die Rechensteine in der links daneben liegenden Säule als Zehnersteine dazu verwenden (Abb. 12). Da die Differenz zwischen 8 und 10 zwei beträgt, müssen in der Einersäule zuerst 2 Rechensteine entfernt werden, danach wird 10 addiert. Ist also in der Einersäule eine Zahl grösser als 1 eingestellt, so muss +8 immer als -2+10 gerechnet werden.

Bei allen in Abb. 12 dargestellten Fällen werden Subtraktionszwischenschritte benötigt. Die Aufgabe 5+6 wird als 5-4+10 gerechnet. Dabei muss -4 in +1-5 zerlegt werden (Abb. 12, Mitte). Nach einiger Übung sollten alle Denkvorgänge und Fingerbewegungen reflexartig ablaufen.

Sind zum Subtrahieren nicht genügend Rechensteine in der Einersäule vorhanden, wird zuerst 10 abgezogen und danach die Differenz zu 10 der zu subtrahierenden Zahl in der Einersäule addiert (umgekehrt zur Addition). So rechnet man 11-8 als 11-10+2 (Abb. 13, oben). Ebenso müssen Sie bei 13-7 zuerst -10+3 rechnen. Dazu entfernen Sie einen Zehnerstein und fügen 3 in der Einersäule hinzu. Die Subtraktion von 3 muss wiederum in +5-2 zerlegt werden (Abb. 13, unten).

Erst wenn Sie die bisher beschriebenen Grundtechniken vollständig beherrschen, werden Sie in die Lage kommen, auch größere Zahlen, wie in Abb. 14 gezeigt, zu addieren. Bei aus mehreren Ziffern bestehenden Zahlen wird auf dem Soloban immer von links, also mit der die höchste Zehnerpotenz enthaltenden Ziffer, zu rechnen begonnen. So wird in unserem ersten Beispiel in Abb. 14 von 71+27 zuerst 70 eingestellt und danach die 1 nachgeschoben. Entsprechend beginnt man mit der zu addierenden Zahl mit der Ziffer der höchsten Zehnerpotenz: von 27 wird zuerst 20, danach 7 addiert. Soweit blieb es noch ganz einfach.

Im zweiten Beispiel 93x8 in Abb. 14 setzt man zuerst 93. Nun sind nicht genügend Rechensteine vorhanden, um 8 in der Einersäule hinzuzufügen. (Zur Erinnerung: die Addition von 8 wird in -2+10 zerlegt.) Aber es gibt auch keine Rechensteine um in der Zehnersäule 10 hinzuzufügen, nachdem Sie 2 subtrahiert haben. Deshalb müssen Sie in der Zehnersäule 90 abziehen, was in -40-50 zerlegt wird. Danach addiert man 100 in der links daneben liegenden Hundertersäule. Das letzte, kompliziertere Beispiel in Abb. 14 schließt die Tausendersäule ein.

Abb. 15 zeigt die entsprechenden Beispiele für die Subtraktion. Wie bei den Additionen muss man von links beginnen. Wenn Sie 8 von 101 abziehen wollen, so sind wiederum nicht genügend Rechensteine in der Einersäule vorhanden. Die Zehnersäule zeigt 0, so dass Sie auch hier nichts abziehen können. Daher muss man 100 in der Hundertersäule abziehen und anschließend 90 in der Zehnersäule hinzufügen. Sie haben nun 10 abgezogen, so dass Sie in der Einersäule noch 2 addieren müssen, um letztendlich 8 abgezogen zu haben (Abb. 15).

Wenn Rechenschritte zerlegt werden müssen, so wird sowohl bei der Addition als auch bei der Subtraktion der Subtraktionsschritt zuerst durchgeführt. Bei der Subtraktion von 8 von 101 wird zuerst 100 abgezogen, dann werden der Reihe nach 90 und 2 addiert (Abb. 15). Bei der Addition von 8 zu 93 wird zuerst 2 abgezogen, dann erkennen Sie, dass kein Zehnerstein hinzugefügt werden kann. Deshalb zieht man gleich darauf 90 ab und addiert zuletzt 100 (Abb. 14).

Bei der Addition von gebrochenen Zahlen entsprechen die Zahlen hinter dem Dezimalpunkt den Kommastellen (Abb. 6). Sie werden so, wie für die ganzen Zahlen beschrieben, addiert, nur müssen Sie sich merken, wo Sie auf dem Soloban das Komma gesetzt haben. Man kann es mit dem Zeigefinger der linken Hand auf dem Balken andeuten, so dass es bei hohen Zahlen nicht mit dem Dezimalpunkt der Tausenderstelle verwechselt wird. So können Sie das Beispiel der Abb. 14 (unten) ebenso leicht als 0.827+0.633 rechnen, wenn der Dezimalpunkt um drei Stellen weiter nach links geschoben wird. Analog wird 1460-633 in Abb. 15 (unten) nach Einstellung des Dezimalpunktes hinter der 1 als 1.460-0.633 gerechnet.

Die Stärke eines Solobans ist, dass mit rasender Geschwindigkeit addiert und subtrahiert werden kann. Erst wenn man es mit sechsstelligen Zahlen zu tun hat, werden die Vorzüge des Solobanrechnens sichtbar.

Multiplikation

In diesem Abschnitt benötigen Sie - zumindest am Anfang - etwas mehr Konzentration als bei dem vorigen. Für alle folgenden Aufgaben muss das kleine Einmaleins beherrscht werden. Multiplikationen mit Zahlen grösser als 10 werden in Multiplikationen von einstelligen Zahlen unterteilt und die Zwischenergebnisse addiert. So wird 34x2 in:

$4 \times 2 = 8$
$30 \times 2 = \underline{60}$
68

zerlegt. Auf Ihrem Soloban stellen Sie 34 ein (Abb. 16) und behalten 2 im Kopf. Die erste Säule rechts daneben wird die Zehnerstelle, die zweite die Einerstelle des ersten Zwischenergebnisses. Sie rechnen zuerst 4x2=8, stellen die 8 zwei Stellen rechts von 4, also in der Einerposition des ersten Zwischenergebnisses, ein und entfernen die 4 (Abb. 16), da sie für keine weiteren Rechenschritte mehr gebraucht wird. Die erste Säule rechts von 3 entspricht nun der Zehnersäule des nächsten Zwischenergebnisses, die zweite Säule rechts von 3 der Einersäule. Sie rechnen als nächstes 3x2=6 und stellen 6 zwei Säulen rechts von 3, der neuen Einersäule, ein und entfernen die nun nicht mehr benötigte 3 (Abb. 16). Auf das erste Zwischenergebnis 8 bezogen sitzt die 6 in der Zehnerposition und hat infolgedessen den Wert 60. Das Ergebnis lautet daher 68.

Bei der Aufgabe 37x4 (Abb. 17, oben) rechnet man zuerst 7x4 und stellt 28 in der für die Multiplikation verwendeten Zehner- und Einerpositionen direkt hinter 37 ein. Nach Entfernung der 7 wird die neue Zehnerposition frei. Die neue Einerposition ist in der Säule, in der die 2 beim ersten Rechenschritt war. Die Zehnerposition für den folgenden Zwischenschritt ist die benachbarte linke Säule. Sie addieren nun 3x4. Vom Ergebnis 12 wird zuerst die 10 eingestellt, danach 2 in der neuen Einerposition, so dass man dort 4 abliest. Nach entfernen der 3 erhält man das Ergebnis 148. Die Zehnerposition des Zwischenschritts wird zur Hunderterposition. Nach dem gleichen Schema rechnen Sie 79x8, wie in Abb. 17 (unten) angegeben.

Die Multiplikation von zweistelligen Zahlen miteinander ist in Abb. 18 beschrieben. Eine der Zahlen, in unserem Beispiel 13, wird auf dem Soloban eingestellt. Ausgehend von der rechten Ziffer dieser Zahl werden die Ziffern der zweiten Zahl 23 von links nach rechts multipliziert; also zuerst 3x2, dann 3x3 (Abb. 18). Die Einerstelle des ersten Ergebnisses 6 wird die Zehnerstelle für das nächste Ergebnis. So bewegt man sich bei dem zweiten Rechenschritt eine Stelle nach rechts. Mit anderen Worten: von der Einerposition der auf dem Soloban eingestellten Zahl ausgehend, multiplizieren Sie sie mit den Ziffern der zweiten Zahl, die Sie vom Papier ablesen oder im Kopf behalten haben. Von dieser zweiten Zahl, die nicht auf dem Soloban eingestellt wird, beginnen Sie beim Multiplizieren von links, also mit den Ziffern mit der höheren Zehnerpotenz. Bei der Multiplikation 13x23 erhalten Sie so das Zwischenergebnis 69. Dann entfernt man die 3, sie wird nicht mehr gebraucht, die neue Zehnerposition wird frei. In Abb. 18 ist eine Leersäule zwischen erstem Multiplikator und dem Ergebnis. Das dient nur der besseren Übersicht. Nein, es ist ein Fehler in Abb. 18, der nachträglich nicht mehr korrigiert werden konnte, weil die Abbildungen mit MacDraw erstellt worden waren. In der folgenden Runde rechnet man zunächst 1x2, danach 1x3, und addiert die Ergebnisse jeweils um zwei Säulen nach rechts versetzt, so dass man zu dem Endergebnis 299 kommt (Abb. 18).

Mit dieser Technik ausgerüstet, können Sie beliebig hohe Zahlen multiplizieren. Das Limit wird durch die Anzahl der Säulen des Solobans gesetzt. Bei Bedarf können Sie auch zwei Solobane nebeneinanderlegen. Ein Beispiel für die Multiplikation mit dreistelligen Zahlen ist in Abb. 19 dargestellt.

Bei der Multiplikation von gebrochenen Zahlen schiebt man die erste Zahl so, dass der Dezimalpunkt einem Komma entspricht. Aber das Komma muss entsprechend dem Wert der zu multiplizierenden Zahl verschoben werden, wo es dann im Ergebnis abgelesen wird. Das Komma wird mit dem linken Zeigefinger auf dem Balken markiert und dieser wird dann verschoben. Bei einem Multiplikator grösser als 1 muss das Komma nach rechts verschoben werden, weil das Ergebnis grösser wird. Das Ergebnis einer Multiplikation wird zwei Säulen rechts von der Ausgangszahl erhalten und so muss bei der Multiplikation mit einer Zahl zwischen 0.1 und 0.999 das Komma bereits um eine Stelle nach rechts verschoben werden (Abb. 20, oben), so dass das Ergebnis um eine Zehnerpotenz kleiner wird. Bei Multiplikationen von Zahlen zwischen 0.01 und 0.0999 verschiebt sich das Komma nicht (Abb. 20, Mitte). Bei noch kleineren Zahlen verschiebt sich das Komma nach links. So verschiebt es sich bei Multiplikationen von Zahlen zwischen 0.001 und 0.009999 um eine Stelle nach links (Abb. 20, unten), bei Zahlen zwischen 0.0001 und 0.000999 um zwei Stellen nach links usw.

Bei Zahlen zwischen 1.0 und 9.99 muss man das Komma um zwei Stellen nach rechts schieben, eine Stelle, weil es sich bei dem zweiten Multiplikator um eine Kommazahl handelt, und eine weitere Stelle, weil der Wert vor dem Komma grösser als 1 ist. Ein Beispiel ist in Abb. 21 (oben) gezeigt. Wenn man mit einer aus zwei Stellen vor dem Komma bestehenden Zahl multipliziert, muss man das Komma entsprechend um drei Stellen nach rechts schieben. Wenn Sie 3.6 auf dem Soloban eingestellt haben, so müssen Sie bei der Multiplikation mit 50.0 drei Stellen mit dem Komma nach rechts rücken (Abb. 21, unten). Bei Zahlen mit drei Stellen vor dem Komma verschieben Sie es um vier Stellen nach rechts, usw.

Handelt es sich bei beiden zu multiplizierenden Zahlen um Kommazahlen, so stellt man die erste Zahl wieder so ein, dass der Dezimalpunkt einem Komma entspricht. Von diesem Komma ausgehend verschieben Sie es entsprechend den oben beschriebenen Regeln, wie es in einem weiteren Beispiel in Abb. 22 gezeigt ist. Damit kennen Sie alle Kommaregeln für die Multiplikation.

In einer zweiten Multiplikationstechnik, die Sie aber erst anwenden sollten, wenn Sie die erste vollständig beherrschen, wird keine der zu multiplizierenden Zahlen auf dem Soloban eingestellt. Sie lesen die Zahlen vom Papier ab oder haben sie im Kopf. Man beginnt mit der ersten Ziffer der ersten Zahl und multipliziert diese mit der ersten Ziffer der zweiten Zahl (Abb.

23, oben). Ausgehend von einer Säule mit einem Dezimalpunkt für die Zehnerposition stellen Sie das erste Zwischenergebnis ein. Als nächstes multipliziert man die erste Ziffer der ersten Zahl mit der zweiten Ziffer der zweiten Zahl und addiert das Resultat um eine Säule nach rechts versetzt. Also die Einerstelle des ersten Zwischenergebnisses wird zur Zehnerstelle des zweiten Zwischenergebnisses. Bei dieser Art der Multiplikation werden zuerst alle Rechenschritte der ersten Ziffer der ersten Zahl mit den Ziffern der zweiten Zahl von links beginnend beendet, danach rückt man auf der ersten Zahl eine Stelle nach rechts.

So multiplizieren Sie mit der ersten Ziffer der ersten Zahl alle Ziffern der zweiten Zahl einzeln von links nach rechts und wandern dabei bei der Einstellung der Ergebnisse auf dem Soloban auch jeweils um eine Stelle nach rechts (Abb. 23, unten). Danach nehmen Sie die zweite Ziffer der ersten Zahl, multiplizieren diese mit der ersten Ziffer der zweiten Zahl und addieren das Ergebnis eine Säule nach rechts versetzt bezogen auf die höchste Position des Zwischenergebnisses. Anschließend multiplizieren Sie die zweite Ziffer der ersten Zahl mit der zweiten Ziffer der zweiten Zahl, addieren das Resultat wiederum um eine Stelle nach rechts versetzt. Auf diese Weise fahren Sie bis ans Ende der Zahlen fort. Die Beispiele in Abb. 23 verdeutlichen die Taktik der zweiten Multiplikations-methode. Bei sechs- und mehrstelligen Zahlen sollte nach dieser Art multipliziert werden, da Sie sich das Einstellen einer langen Zahl sparen und dadurch werden Sie schneller. Zudem kann es bereits auf einem kleineren Soloban Platzmangel geben.

Division

Ähnlich der Zerlegung der Multiplikation wird die Division von großen Zahlen in Divisionen mit Dividenden aus ein- oder zweistelligen Zahlen und Divisoren (Teilern) aus einstelligen Zahlen unterteilt. Das Beispiel 86:2 (Abb. 24, oben) wird in folgende Teildivisionen zerlegt:

80 : 2 = 40
6 : 2 = <u>3</u>
       43

Um dies auf Ihrem Soloban zu rechnen, stellen Sie 86 ein (Abb. 24). Jetzt rechnen Sie 8:2 und verschieben das Ergebnis 4 in der Säule um zwei Reihen nach links versetzt. Man muss in diesem Fall zwei Reihen nach links rücken, damit noch eine Stelle frei bleibt, falls in der Säule, wo die 8 sitzt, noch ein Rest bleibt. Da in diesem Beispiel aber kein Rest bleibt (4x2=8), können Sie die 8 entfernen. Nun rechnen Sie 6:2, stellen das Ergebnis wieder zwei Säulen links davon ein und ziehen die 6 ab. Auch hier bleibt kein Rest. So lesen Sie das Ergebnis 43 ab (Abb. 24).

Bei der Rechnung 384 : 6 in Abb. 24 (unten) rechnet man zunächst 38:6, da 3 nicht durch 6 geteilt werden kann, und stellt das Zwischenergebnis 6 bezogen auf die Säule mit dem Wert 8 (der Einersäule, die auch im obigen Beispiel der 8 entspricht) um zwei Stellen nach links verschoben ein. Bei diesen Rechenschritten ignorieren Sie zu Beginn alle Ziffern hinter der Säule mit dem Wert 8. Dann zieht man 6x6=36 von 38 ab; es bleibt ein Rest von 2. Dieser Rest wird zur neuen Zehnersäule des verbleibenden Dividenden. Es folgt somit die Division von 24:6. Das Ergebnis 4 wird wieder bezogen auf die Einersäule des Dividenden mit dem Wert 4 um zwei Stellen nach links verschoben hinter der 6 eingestellt, so dass man das Ergebnis 64 abliest (Abb. 24). Nun muss nur noch 4x6=24 abgezogen werden.

Besteht der Divisor aus mehreren Ziffern, so wird, von links beginnend, der Dividend mit der ersten Ziffer des Divisors geteilt. Die einstellige Zahl des Zwischenergebnisses wird mit den verbleibenden Ziffern des Divisors nacheinander multipliziert und vom Dividenden von links nach rechts abgezogen. Dies ist im Beispiel von Abb. 25 verdeutlicht.

Wie bereits bekannt, werden zuerst die beiden ersten Ziffern von 1058, also 10, durch 4 geteilt, das Ergebnis 2 eingestellt und 2x4=8 von 10 abgezogen. Aber nun müssen Sie noch vom verbleibenden Dividenden 258 von den ersten beiden Ziffern 2x6=12 abziehen und erhalten 138 (Abb. 25). Nun wiederholen sich die Schritte: 13 von 138 wird durch 4 geteilt, das Ergebnis 3 hinter der 2 hochgeschoben und 3x4=12 von 13 abgezogen. Als letzten Schritt zieht man noch 3x6=18 ab und erhält die Lösung 23 (Abb. 25). Bei der Multiplikation der Zwischenschritte sollte die Ziffer des Zwischenergebnisses genommen und mit der entsprechenden Ziffer des Dividenden multipliziert werden und nicht umgekehrt.

Bei der Aufgabe 1058:23 (Abb. 26) taucht ein zusätzliches Problem auf. Wenn Sie 10:2 gerechnet haben, so sehen Sie, dass 5x3 nicht mehr abgezogen werden kann, da in der Säule, wo 10 abgezogen werden sollte, der Wert bereits 0 ist. Daher muss man letztendlich so rechnen, dass noch ein Rest bleibt. In unserem Beispiel wird man daher 10:2=4 Rest 2 rechnen. Wenn man aber die 5 bereits eingestellt hat, kann man von dieser 5 den Wert 1 abziehen und an der entsprechenden Einerposition, in unserem Beispiel dort, wo sich vorher die 0 von 1058 befand, den Wert 2 hinzufügen (Abb. 26). Sollte diese 2 immer noch für den folgenden Rechenschritt zu klein sein, so muss man wiederum von der 4 eine weitere 1 abziehen und rechts davon zwei Säulen weiter eine 2 addieren, so dass man 4 erhalten würde (warten Sie auf ein späteres Beispiel). In unserem Fall reicht die 2 aber und wir können 4x3=12 von 25 abziehen. Sie müssen also anstelle von 5 die neue 4 des Zwischenergebnisses verwenden, um sie mit der zweiten

Ziffer des Divisors zu multiplizieren. Danach geht die Rechnung wie üblich bis zum Ergebnis 46 weiter (Abb. 26). Wir wollen festhalten, dass der Subtraktions-Additions-Schritt bei manchen Divisionen an mehreren Stellen der Division, also nicht nur bei den ersten beiden Ziffern des Dividenden, ausgeführt werden muss (siehe später das Beispiel in Abb. 28).

Wenn der Wert des Restes des Dividenden für die nach der Division folgende Subtraktion nicht ausreicht, muss also mindestens ein Additions- Subtraktionsschritt ausgeführt werden. Besteht dabei der Divisor aus einer vielstelligen Zahl, so müssen nach Entfernen der 1 alle Ziffern links des gerade verwendeten Divisors auch hinzugefügt werden. Das sehen Sie, wenn Sie z. B. 105187:359 rechnen: 3x9 lässt sich nicht abziehen. Daher muss man von 9 einen Rechenstein entfernen und 35 in den Säulen, wo 05 des Dividenden 105187 eingestellt war, hinzufügen. An den Positionen 51 des Restes 35187 lässt sich nun 2x9 entfernen. In der zweiten Position des Ergebnisses muss durch 9 dividiert werden. Wann ein Resultat der Division mit 9 beginnt, sehen wir gleich am Beispiel der Abb. 27.

Noch etwas schwieriger wird es, wenn man z. B. 8245:85 rechnen will. Wenn Sie 8 durch 1 dividiert haben, so sehen Sie, dass wiederum 1x5 nicht abgezogen werden kann. Verwenden Sie nun den gerade beschriebenen Weg des Subtraktions-Additions-Zwischenschrittes, indem Sie das Ergebnis 1 abziehen und die 8 wieder addieren, so sind Sie am Ausgangspunkt. Das Endergebnis wird um eine Ziffernstelle kürzer werden und es muss mit einer 9 beginnen (anstelle des zunächst erwarteten Ergebnisses mit der Form 1XXX werden Sie 9XX erhalten). Daher müssen Sie um eine Stelle nach rechts verschoben, wo Sie gerade die 1 hatten und unmittelbar vor der 8 des Dividenden eine 9 einstellen. Dann können Sie 9x8=72 von 82 abziehen (Abb. 27) und nun fahren Sie fort, um 9x5=45 zu subtrahieren. Dann läuft die Division auf bekanntem Weg weiter (Abb. 27).

Immer wenn die erste Ziffer von Dividend und Divisor gleich sind und wenn die zweite Ziffer des Divisors grösser ist als die zweite Ziffer des Dividenden, muss man mit einer 9 beginnen. In unserem Beispiel in Abb. 27 ist 85 des Divisors grösser als 82 des Dividenden 8245. Wenn der Divisor sehr groß ist, kann es vorkommen, dass die Technik des Setzens der 9 auch im Inneren einer Zahl benützt werden muss. In Abb. 41 werden wir auf ein solches Beispiel stoßen.

Oft kann es vorkommen, dass, wenn Sie die 9 gesetzt haben, die mit 9 vervielfachte Zahl noch nicht abgezogen werden kann. Dann müssen Sie, wie in Abb. 26 erklärt, einen oder mehrere Subtraktions- und Additionsschritte folgen lassen, so dass das Ergebnis mit einer Ziffer kleiner als 9 beginnt (Abb. 28) und sich der verbleibende Rest des Dividenden entsprechend erhöht.

In Abb. 28 ist zudem ein Beispiel gegeben, in dem alle Divisionstechniken kombiniert sind, nämlich 1235:19. Nachdem man die 9 gesetzt hat, zieht man 1x9 ab. Jetzt muss aber dreimal von dieser 9 eine 1 abgezogen werden und jedes Mal eine 1 (da der Teildivisor 1 ist) zu dem Dividend in der Hunderterstelle hinzugefügt werden, so dass sich schließlich 6x9 abziehen lässt. Im zweiten Teil der Division muss der gleiche Subtraktions-Additions-Schritt viermal hintereinander ausgeführt werden (Abb. 28). Hier sehen Sie wieder, dass bei Divisoren, die mit einer gleichen Ziffer wie der Dividend beginnen, aber deren zweite Ziffer einen höheren Wert als die zweite Ziffer des Dividenden haben, wie in unserem Beispiel der Divisor 19 verglichen mit den ersten beiden Ziffern (12) des Dividenden, das Setzen der 9 nötig ist.

Bei Divisionen mit größeren Divisoren verfährt man prinzipiell wie bei denen mit zweistelligen, nur dass weitere Subtraktionsschritte entsprechend der Anzahl der Ziffern des Divisors ohne die erste Ziffer, durch die ja dividiert werden muss, durchgeführt werden. Besteht der Divisor z. B. aus drei Ziffern, muss die 3. Ziffer auch jeweils mit den Ziffern des Zwischenergebnisses multipliziert und, um eine Stelle nach rechts versetzt, abgezogen werden.

Nun bleiben uns noch die Kommaregeln. Bei der Division verschiebt sich das Komma des Dividenden in umgekehrter Richtung im Vergleich zur Multiplikation. Es wird wieder mit dem linken Zeigefinger markiert und dadurch braucht man während den Rechenschritten nicht mehr auf das Komma achten, sondern liest es nur noch am Schluss der Rechnung ab.

Da das Ergebnis einer Division immer um zwei Säulen nach links versetzt wird, verschiebt sich das Komma bei einem Divisor aus einer einstelligen ganzen Zahl ebenfalls um zwei Stellen nach links (Abb. 29 oben). Besteht der Divisor aus einer zweistelligen Zahl, so verschiebt sich das Komma um drei Stellen nach links (Abb. 29, unten). Besteht er aus einer dreistelligen Zahl, so verschiebt es sich um vier Stellen nach links, etc.

Bei einem Divisor zwischen 0.1 und 0.999 verschiebt sich das Komma nur um eine Stelle nach links, da der Quotient grösser wird (Abb. 30, oben). Bei Teilern zwischen 0.01 und 0.00999 verschiebt es sich nicht (Abb. 30, Mitte). Von da an verschiebt sich das Komma mit jeder Zehnerpotenz, um die der Divisor kleiner wird, um eine Stelle weiter nach rechts. So verschiebt es sich bei der Division durch 0.006 um genau eine Stelle nach rechts (Abb. 30, unten).

Mit diesen Kommaregeln können alle Divisionen, bei denen gebrochene Zahlen auftauchen, berechnet werden. Ein Beispiel, bei dem alle Komponenten aus Kommazahlen bestehen, ist in Abb. 31 gezeigt. Und erinnern Sie sich: nur durch ständiges und stures Wiederholen können die Solobantechniken perfekt beherrscht werden. Repetitives Arbeiten, bis es zu Reflexen kommt, wie bei Kampfsporttechniken.

Negative Zahlen

Ein Soloban hat eine weitere Eigenschaft, die ihn für den Handel einsatzfähig macht. Wenn Sie z. B. einen Gegenstand für 678 Yen kaufen und mit einem 1000 Yen-Schein bezahlen, so stellt der Verkäufer 678 auf seinem Soloban ein und liest die reverse Zahl, d. h. die Rechensteine die nicht verschoben worden sind, ab und gibt Ihnen 322 Yen als Wechselgeld. Das reverse Ablesen der Zahlen ist in Abb. 32 beschrieben. Es stellt die negative Zahl in grau dar: als hätten Sie 678-1000=-322 gerechnet. Beim Lesen der letzten Ziffer muss man aufpassen; denn diese muss um 1 erhöht werden, um auf die Differenz zu 1000 zu kommen. Sie können also Ihrem Soloban, wenn Sie 678 eingestellt haben, direkt entnehmen, dass noch 322 bis 1000 fehlen. (Addieren Sie einmal 678+322 und 678+321 unter diesem Aspekt).

Wenn die Zahl, von der die reverse oder negative Zahl abgelesen werden soll, mit einer oder mehreren Nullen endet (Abb. 32, mittleres Beispiel), dann bleiben diese Endnullen und man muss die letzte negative Ziffer vor der oder den Nullen um 1 erhöhen. Man beachte: eine 0 im Zahleninneren wird beim reversen ablesen zu einer 9 (Abb. 32, rechts).

Wenn man bei Subtraktionen mit dem Soloban in den Bereich von negativen Zahlen kommt, so muss man zuvor einen Einerrechenstein mit dem Wert der nächst höheren Zehnerpotenz hinzufügen. Die Differenz zu dieser Zahl wird vom Ergebnis als negative Zahl abgelesen. In Abb. 33 ist dies besprochen. Rechnet man 1732-3516, so stellt man 1732 auf dem Soloban ein, muss aber 10000 hinzufügen, bevor man 3516 abziehen kann. Man zieht dann 3516 von 11732 ab und liest die reverse Zahl -1784 ab (Abb. 33, oben). Wieder dürfen Sie nicht vergessen, zu der letzten Ziffer eine 1 hinzuzufügen, um auf die 10000 zu kommen, die Sie ja auf diese Weise wieder abziehen. Bei der Aufgabe 35-1596 müssen Sie vorher ebenfalls 10000 hinzuaddieren (Abb. 33, unten).

Wenn Sie mehrere negative Zahlen von Zahlen, deren Betrag jeweils kleiner ist, subtrahieren möchten, so müssen Sie jedes Mal eine Zahl mit der nächsthöheren Zehnerpotenz addieren. Wenn man - wie in Abb. 34 beschrieben - von -368 hintereinander 979 und 5879 abziehen muss, beginnt man mit 1000, zieht 368 ab, fügt wieder 1000 hinzu und kann so 979 abziehen. Um 5879 abziehen zu können, fügt man zuvor 10000 hinzu. Insgesamt haben Sie bei diesen Schritten 12000 hinzuaddiert. Um das Ergebnis einfach ablesen zu können, zieht man 2000 (die zwei hinzugefügten Tausender) ab und kann so als reverse Zahl -7226 ablesen, also die Differenz zu den hinzugefügten 10000 (Abb. 34).

Beim Einkauf in asiatischen Geschäften hat man sehr oft Gelegenheit, die Verkäufer beim Benützen dieser Technik zu beobachten. Doch eindrucksvoll wird es erst, wenn die reverse Zahl nicht mehr auf dem sichtbaren Soloban abgelesen wird, sondern der Verkäufer vielleicht gerade noch die Fingerbewegungen leer andeutet und Ihnen Ihr Wechselgeld gibt.

Anzan: Kopfrechnen mit der Solobantechnik

Man sicht, hört und fühlt die Rechensteine beim Verschieben. Auf parallelen Wegen werden die Vorgänge dem Gedächtnis zugeführt. Nach einiger Übung sollten Sie alle Rechenschritte ohne die Hilfe des hölzernen Solobans durchführen können. Das Bild des Solobans ist in Ihrem Gehirn fest eingeprägt und Sie verschieben die imaginären Rechensteine des Solobanbildes in Ihrem Kopf. Auf diese Weise sind Sie von der beschränkten Geschwindigkeit der Finger und von Fehlern, die durch unkoordinierte Bewegungen des Körpers oder äußeren Störungen entstehen können, unabhängig. Das Rechnen gewinnt an Geschwindigkeit und sogar an Genauigkeit. So wird eine Leistung, wie das zu Beginn beschriebene Rechnen der Kinder, möglich.

Anzan heißt Kopfrechnen mit der Solobantechnik. (Das "z" wird wie ein stimmhaftes "s" ausgesprochen.) Die Fähigkeit Anzan zu lernen, also sich ein Bild des Solobans zu machen und die Steine im Geiste zu verschieben, ist bei den einzelnen Menschen verschieden und im Kindesalter am größten. Ein stark ausgeprägtes visuelles Gedächtnis ist Voraussetzung.

Um sich die Steine vorzustellen, kann man verschiedene Techniken ausprobieren. Man kann den Steinen verschiedene Farben geben. Die Form der Steine könnte verändert werden: der Fünferstein könnte zum Beispiel ein Hut, der oberste Einerstein ein Kopf, der zweite Einerstein Schulter und Arme, der dritte Einerstein den Rumpf und der vierte Einerstein schließlich die Beine darstellen. Auf diese Weise bauen Sie beim Rechnen einen Körper partiell oder vollständig zusammen und nehmen ihn wieder auseinander. Nach einer weiteren Methode kann man sich die auf dem Soloban eingestellten Zahlen als unterschiedlich lange Balken vorstellen (Abb. 35). Mit welcher Methode man am besten Anzan betreibt, muss jeder für sich selbst ausprobieren.

Um Anzan perfekt beherrschen zu können, muss man jeden Tag üben. Die anfangs erwähnten Mädchen im Schulalter, die mit Hilfe von Anzan dreistellige Zahlen miteinander multiplizierten, üben nach ihrer Aussage jeden Tag zwei Stunden. Bevor man sich einem Anzan-Test oder -Wettbewerb unterzieht, muss man das Gehirn aufwärmen, ähnlich wie man vor dem Sport den Körper aufwärmt, indem man leichte Rechenaufgaben mit der Anzantechnik löst.

Bei Anzan werden alle Rechenschritte so im Geiste ausgeführt, als ob man die Rechensteine auf einem Soloban verschieben würde. Anfangs werden die Fingerbewegungen mitausgeführt, so dass dadurch die geschobenen Zahlen leichter ins Gehirn kommen. Sie rechnen also auf einem Soloban, den Sie sich einbilden, wie wenn Sie blind wären. So bewegen Sie für eine 1 den rechten Daumen auf der Tischfläche etwa einen halben cm nach oben, dann gehen Sie einen cm nach unten und holen den nächsten imaginären Rechenstein dazu und "sehen" nun eine 2 vor sich. Um z. B. 57 in den Kopf zu bringen, bewegen Sie in zuerst mit dem Zeigefinger einen imaginären Fünferstein einen halben cm nach unten, einen cm rechts daneben schieben sie mit Zeigefinger und Daumen zusammen eine 7. Dabei müssen die Abstände und die Länge der geschobenen Rechensteinsäulen denen auf dem wirklichen Soloban entsprechen. Auf diese Weise üben Sie nun Additionen und Subtraktionen, indem Sie sich einen Soloban vorstellen und die Fingerbewegungen leer ausführen. Danach versuchen Sie die reversen Zahlen abzulesen.

Bei der Multiplikation mit Anzan sollte man nur die zweite, die in Abb. 23 beschriebene Methode verwenden, da Sie auf diese Weise von beiden Zahlen mit den Ziffern von links nach rechts rechnen und Sie nur die Ergebnisse der Teilmultiplikationen auf dem imaginären Soloban schieben. Je schneller man rechnen kann, desto geringer wird die Fehlerhäufigkeit. Die Vorgehensweise ist in Abb. 36 erläutert.

Divisionen mit einstelligen Divisoren sind sehr einfach aber Sie sollten sich zwingen auch hier Anzan anzuwenden. Bei zweistelligen Divisoren werden Sie nach einiger Übung auch das Setzen der 9 als die erste Ziffer des Ergebnisses und die Subtraktions-Additionszwischenschritte bei Anzan anwenden können.

Nun heißt es nur noch üben. Viele japanische Methoden basieren - wie z. B. die Kampfsportarten, aber auch Soloban und Anzan - auf der ständigen Wiederholung bis sich ein Reflexbogen entwickelt.

Wurzelrechnen

Das Wurzelrechnen soll zum Schluss die Möglichkeiten des Solobanrechnens zusammenfassen. Es ist sehr kompliziert und daher eher von theoretischem Interesse. Auch nur extrem fortgeschrittene japanische Solobanexperten beherrschen die im Folgenden beschriebenen Techniken.

a.) Quadratwurzeln

1.) Wurzeln aus einer ganzen Zahl mit einer ganzen Zahl als Ergebnis

Die Zahl, aus der die Quadratwurzel gezogen werden soll, wird auf der rechten Seite des Solobans eingestellt, so dass die Einer und Tausender unter einem Dezimalpunkt liegen. Zwei Ziffern einer Zahl unter der Wurzel führen zu einer Ziffer im Ergebnis der Wurzel (z. B. $\sqrt{556516}=746$). Besteht die Zahl unter der Wurzel aus einer ungeraden Anzahl von Ziffern, so entspricht die linke Ziffer ebenfalls einer Ziffer des Ergebnisses der Wurzel (z. B. $\sqrt{441}=21$). Deshalb wird, beginnend von der rechten Seite, eine Zahl in zweistellige Zahlen, also 441 wird in 4-41, 556516 in 55-65-16, unterteilt. Von dem links übrigbleibenden ein- oder zweistelligen Zahlenteil zieht man die Wurzel. An welcher Stelle (bezogen auf die Einerstelle der Ziffern, aus denen die Wurzel gezogen wird) mit der Einstellung des Ergebnisses begonnen wird, hängt von der Größe der Zahl ab und ist in Tabelle 1 dargestellt.

Die Rechenvorgänge scheinen zunächst komplex zu sein; sie werden erst nach mehreren Beispielen durchschaubar. In Abb. 37 wird die Wurzel aus 441 gezogen. Wenn die Wurzel aus einer dreistelligen Zahl gezogen wird, so nimmt man die Wurzel aus der ersten Ziffer, also hier aus 4, und stellt, ausgehend von dieser 4, die Zahl 2 in der Hunderterstelle, bezogen auf die Einerstelle des Zahlenteils, aus dem die Wurzel gezogen wurde, ein. Dann wird die 4 entfernt. Aus Tabelle 1 kann diese Stelle des ersten Zwischenergebnisses entnommen werden. Das Ergebnis wird verdoppelt und auf der linken Seite des Solobans eingestellt (2 + 2 = 4 in Abb. 37). Dabei spielt es keine Rolle, wie viele Säulen sich in der Nullstellung zwischen dieser Hilfszahl und dem Ergebnis befinden. Die restlichen zwei Ziffern auf der rechten Seite werden durch diese vorn eingestellte Zahl dividiert. In unserem Beispiel wird 4 durch 4 dividiert und das Ergebnis 1 hinter der 2 eingestellt. Dann wird die 4 abgezogen. Das Ergebnis dieser Division ergibt somit die zweite Stelle, also die Einerstelle, des Ergebnisses. Diese Einerstelle wird quadriert und von dem verbleibenden Rest abgezogen. Bei einem Ergebnis aus einer ganzen Zahl sollte diese quadrierte Einerstelle dem verbleibenden Rest entsprechen. In Abb. 37 wird das Quadrat von 1 von dem Rest 1 abgezogen. Die Wurzel von 441 ergibt 21.

Um die Wurzel aus 784 zu erhalten, ist ein zusätzlicher Rechenschritt nötig. Stellen Sie 784 wie in Abb. 38 gezeigt ein. Zuerst muss die Wurzel aus 7 gezogen werden und die größte mögliche ganze Wurzel ist die Wurzel aus 4. Das Ergebnis 2 wird wieder ausgehend von 7 in der Hunderterstelle eingestellt. Von 7 wird 4 abgezogen, das Ergebnis 2 verdoppelt und auf der linken Seite des Solobans eingestellt (Abb. 38). Der Rest 384 wird durch 4 geteilt und das Ergebnis 9 hinter der 2 eingestellt. Von 38 wird 9 x 4 = 36 abgezogen und es bleibt ein Rest von 24. Wenn man nun 9 quadriert, lässt sich das Resultat 81 nicht von 24 subtrahieren. Wie bei der Division besprochen (Abb. 27), muss man daher von dem Ergebnis 9 in der Einerstelle 1 abziehen und deshalb zum verbleibenden Rest in der Zehnerstelle 4 dazuzählen (Abb. 38), so dass der Rest nun 64 wird. Insgesamt haben Sie also von 38 nur 8 x 4 abgezogen und das Ergebnis der Division ist 8 (anstelle von 9). Wenn man nun 8 quadriert, so entspricht das Ergebnis dem verbleibenden Rest von 64. Als Ergebnis liest man 28 ab. Mit diesen Techniken ist es möglich, die Wurzeln aus bis zu vierstelligen Zahlen zu berechnen.

Ab fünfstelligen Zahlen wird es noch komplizierter. Stellen Sie 426409 auf Ihrem Soloban ein. Ausgehend von rechts wird diese Zahl wieder in zweistellige Zahlen, also in 42-64-09, eingeteilt. Es bleibt 42 auf der linken Seite und daher muss 36 (6^2) von 42 abgezogen werden. Von der 2 in 42 ausgehend wird zuerst das Ergebnis 6 in der 1000. Stelle eingestellt (Tabelle 1), dann wird 36 von 42 abgezogen. Die 6 muss verdoppelt werden und lässt sich auf der linken Seite des Solobans einstellen. Sie erhalten nun das Bild der Abb. 39 (zweite Reihe). Der Rest 664 wird durch 12 dividiert. Zunächst erhält man 6:1=6 und 6 wird hinter dem Ergebnis eingestellt, dann die 6 des Restes, durch die dividiert wurde, subtrahiert. Da aber 2x6=12 nicht vom Rest 6 abgezogen werden kann, muss von der 6 die Zahl 1 abgezogen und 1 in der alten Stelle, wie für die Division beschrieben, hinzugefügt werden (Abb. 39, dritte Reihe). Jetzt lässt sich 2x5=10 von 16 abziehen. Da die Wurzel gezogen werden soll, muss nun vom Rest 5^2=25 abgezogen werden, also 64-25=39. Das Ergebnis 5 wird verdoppelt und zum alten Dividenden 12 um eine Stelle verschoben addiert, so dass man 130 erhält. Der Rest 3909 wird durch 130 dividiert und das Ergebnis 3 hinter 65 eingestellt. Als letzten Rechenschritt muss noch 3^2=9 vom Rest in der letzten Stelle abgezogen werden. Die Wurzel aus 426409 ist somit 653.

Während den Divisionsschritten kann es beim Wurzelrechnen natürlich auch vorkommen, dass Sie, wie in Abb. 27 behandelt, die Division mit einer 9 starten müssen. Ein Beispiel wird in Abb. 41 kommen.

Die Wurzel aus 256036 führt zu einem dreistelligen Ergebnis mit einer 0 in der Mitte. Die Wurzel aus 25 wird in der 1000ter Stelle, bezogen auf die 5, eingestellt (Tabelle 1). Danach muss 25 abgezogen werden. Die 5 wird verdoppelt und 10 wieder links auf dem Soloban eingestellt (Abb. 40). Der Rest wird durch 10 geteilt. 6:1 wird in der entsprechenden 100ter Stelle eingestellt und 6 abgezogen (Abb. 40). Dann rückt man 2 Stellen weiter und zieht vom Rest 6x6=36 ab. Als Ergebnis erhält man 506.

2.) Wurzeln mit einer gebrochenen Zahl als Ergebnis

Wenn das Ergebnis einer Wurzel keine ganze Zahl liefert, rechnen Sie einfach weiter, indem Sie hinter dem Zwischenergebnis, das Sie erhalten haben, nachdem Sie von der Zahl unter der Wurzel, also der auf dem Soloban eingestellten Zahl, die letzte Quadratzahl abgezogen haben, ein Komma setzen. In Abb. 41 wird dies an einem Beispiel verdeutlicht:

Stellen Sie 9876 ein. Zu Beginn ziehen Sie die Wurzel aus 98; das Ergebnis 9 erscheint in der Tausenderstelle (Tabelle 1) und ziehen dann 81 von 98 ab. Nun stellen Sie auf der linken Seite des Solobans 2x9 ein und dividieren 1776 durch 18. Sie sehen, dass 17 nicht durch 18 dividiert werden kann und daher muss man eine 9 setzen, wie bereits in Abb. 27 bei der Division besprochen. So können Sie 9x1 und anschließend 9x8 abziehen (Abb. 41). In den letzten beiden Positionen muss nun 9x9 abgezogen werden; aber es bleibt ein Rest von 75. Daher setzten Sie hinter 99 ein Komma und rechnen weiter, indem Sie auf der linken Seite zu der 18 in der Säule mit der 8 als neue Zehnersäule 2x9 addieren, so dass man als neuen Teiler 198 erhält. Jetzt rechnen Sie 7:1, wobei Sie viermal hintereinander einen Additions-Subtraktionsschritt einfügen müssen, um schließlich 3x9 abziehen zu können (Abb. 41). Dann entfernen Sie 3x8 und noch 3x3. Um die nächste Position zu berechnen, muss 2x3 zum Divisor auf der linken Seite in der neuen Einersäule hinzugefügt werden. Man erhält so 1986 als nächsten Divisor. Da 15 kleiner als 19 ist, müssen Sie wieder eine 9 setzen; aber 9x9 kann nicht abgezogen werden und daher muss ein Additions-Subtraktionszwischenschritt eingefügt werden. Jetzt ziehen Sie 8x9 ab. Da Sie aber weiterhin 8x8 nicht abziehen können, muss schon wieder ein Additions-Subtraktionsschritt eingebaut werden, aber diesmal müssen zwei Ziffern (19) addiert werden, da man sich beim Rechnen bereits in der zweiten Position des Divisors befindet. Schließlich lässt sich 7x8 subtrahieren, gefolgt von -7x7. Auf der linken Seite fügen Sie 2x7 hinzu. Wenn Sie noch weitere Stellen hinter dem Komma brauchen, verfahren Sie auf die gleiche Weise weiter, wie in Abb. 41 noch angedeutet. Irgendwann stoßen Sie an die Grenzen des Solobans oder Sie legen zwei oder mehrere Solobane nebeneinander. (Auf dem Taschenrechner sehen Sie schließlich auch nicht unendlich viele Stellen.)

3.) Wurzeln aus Kommazahlen

Bei Kommazahlen grösser als 0 werden die Ziffern vor dem Komma von rechts herkommend in zweistellige Zahlen eingeteilt. Links kann eine ein- oder zweistellige Zahl übrig bleiben, je nachdem, ob die Anzahl der Ziffern vor dem Komma gerade oder ungerade ist. Die Anzahl der so erhaltenen Zahlenfragmente ergibt die Zahl der Ziffern vor dem Komma des Ergebnisses aus einer Quadratwurzel einer Kommazahl grösser als 0. Mit anderen Worten: die Anzahl der Ziffern vor dem Komma der Ausgangszahl, wobei bei einer ungeraden Anzahl eine hinzugefügt wird, dividiert durch 2 ergibt die Anzahl der Ziffern vor dem Komma im Ergebnis.

Die Vorgehensweise für die Wurzel aus 325.0809 ist in Abb. 42 erläutert. Stellen Sie die Zahl auf der rechten Seite des Solobans ein. 325 Lässt sich in 3 und 25 unterteilen; das Ergebnis wird daher zwei Ziffern vor dem Komma besitzen. Aus 3 wird wie bereits besprochen die Wurzel aus 1 gezogen, das Ergebnis 1 in der 100ter Stelle (Tabelle 1) eingestellt und 1 von 3 abgezogen. Die 1 wird verdoppelt auf der linken Solobanseite eingestellt (Abb. 42). Der Rest muss durch 2 dividiert werden: vor 22 wird 9 eingestellt, da bei 2:1 ein zu kleiner Rest bleiben würde und Sie zu dem Teilergebnis der Wurzel, also der ersten Stelle des Ergebnisses, keinen Wert mehr hinzufügen können. Dann wird 18 von 22 abgezogen (Abb. 42). Vom Rest 45 können sie 9^2 nicht abziehen und daher wird von 9 eine 1 abgezogen und zu 4 eine 2 addiert (Abb. 42). Nun kann man 8^2 vom Rest 65 abziehen. Die 8 wird verdoppelt und um eine Stelle verschoben zu 2 auf der linken Seite addiert, so dass man dort 36 erhält. Der Rest 108 muss durch diese 36 dividiert werden. Das Ergebnis ist 3 (Abb. 42). Da vor der 3 eine 0 ist, muss man zwei Stellen weiterrücken und 3^2 vom letzten Rest abziehen. Das Ergebnis wird somit 18.03.

Bei Wurzeln aus Zahlen kleiner als 0 werden die Nullen hinter dem Komma von der linken Seite her ausgehend zweistellig unterteilt. So ergeben z. B. die Wurzeln aus 0.1 und 0.01 ein Ergebnis der Form 0.X, also nur eine Stelle hinter dem Komma; 0.001 wird in 0.-00-1, das Ergebnis besitzt hinter dem Komma eine Null (0.0X), 0.0001 in 0.-00-01 (Ergebnis: 0.0X), 0.00001 in 0.-00-00-1 (Ergebnis: 0.00X), usw. eingeteilt. Die Anzahl der Nullen hinter dem Komma der Ausgangszahl dividiert durch 2 ergibt die Anzahl der Nullen hinter dem Komma in dem Ergebnis der Wurzel. Bei einer ungeraden Anzahl von Nullen im Zahleninneren, wird die letzte Null ignoriert. Wenn keine oder nur eine Null vorhanden ist, so beginnen die Werte des Ergebnisses gleich hinter dem Komma.

Um die Wurzel aus 0.069169 zu erhalten, zieht man daher die Wurzel aus 69169. Das Ergebnis lautet 263. Da sich in der Ausgangszahl hinter dem Komma nur eine 0 befand, lautet das Ergebnis 0.263.

Die Wurzel aus 0.00000841 beträgt 0.0029. Man zieht zuerst die Wurzel aus 841. Von den 5 Nullen hinter dem Komma werden die ersten 4 durch 2 dividiert oder 2-mal in eine zweistellige 0 unterteilt. Somit müssen in dem Ergebnis hinter dem Komma 2 Nullen erscheinen.

b.) Kubikwurzeln

Das Berechnen der Kubikwurzeln erfordert sehr viel mathematisches Verständnis. Wir berechnen als Beispiel $^3\sqrt{1728}$. Zuerst wird die auf dem Soloban eingestellte Zahl wie gewohnt von rechts beginnend, diesmal in dreistellige Ziffern eingeteilt. Vom links übrigbleibenden ein-, zwei- oder dreistelligen Rest wird die dritte Wurzel gezogen. Hier also bleibt ein Rest von 1 und $^3\sqrt{1}$ wird, von der 1 in 1728 ausgehend, in der 10000. Stelle eingestellt. Die Stelle, von wo aus mit dem Ergebnis der Kubikwurzel begonnen wird, kann aus Tabelle 1 entnommen werden. Diese 1 wird in der Tausenderstelle von 1728 abgezogen, mit 3 multipliziert und das Ergebnis 3 wieder links auf dem Soloban, wie bei der Berechnung der Quadratwurzel, eingestellt. Sie sollten nun das in Abb. 43 dargestellte Bild erhalten. Vom Rest 728 wird 72 durch 3 geteilt und man erhält 24 (Abb. 43). Jetzt wird die 2 des Zwischenergebnisses 24 durch die 1 aus $^3\sqrt{1}$ geteilt und das Ergebnis 2 in der entsprechenden Hunderterstelle eingestellt (Abb. 43). Der erste Rest 2x2=4 und der letzte Rest 2x2x2=8 lassen sich abziehen und man erhält das Resultat 12.

Bei größeren Zahlen werden die Rechenschritte wie erwartet komplexer und Sie benötigen mehr Platz auf Ihrem Soloban. Stellen Sie 238328 ein. Diese Zahl lässt sich in zwei dreistellige Zahlen aufteilen und wir ziehen die größtmögliche Kubikwurzel aus 238. Wie aus Tabelle 1 entnommen werden kann, ist diese 6 und das Ergebnis 6 wird, ausgehend von der 8 in 238, in der 100000. Stelle eingestellt (Tabelle 1). Dann wird 6^3=216 von 238 abgezogen. Die erhaltene 6 wird nun mit 3 multipliziert und das Ergebnis 18 links, wie in Abb. 44 (oben) dargestellt, eingestellt. Von dem Rest 22328 wird 2232 durch 18 geteilt (Abb. 44). Vom Ergebnis 124 wird 12 durch 6 geteilt (Abb. 44). Das Ergebnis ist somit 62: die Reste 2^2=4 und 2^3=8 lassen sich abziehen.

Zur Lösung der Kubikwurzel aus 704961 ist ein zusätzlicher Rechenschritt nötig. Zunächst zieht man die größtmögliche Kubikwurzel aus 704. Das Ergebnis ist 8 (Tabelle 1) und 512 wird von 704 abgezogen. 8 wird mit 3 multipliziert, 24 links auf dem Soloban eingestellt, so dass man das Resultat wie in Abb. 45 erhält. Der Rest wird bis einschließlich der 6 durch diese 24 dividiert (Abb. 45). Das Zwischenergebnis 804 wird zunächst durch 8 geteilt, dann das Ergebnis 9 quadriert (=81) und von 84 abgezogen (Abb. 45). Wenn man nun 9^3 abziehen würde, so bliebe ein Rest. Daher wird der innere Rest 3 mit 24 multipliziert und danach die 3 abgezogen (Abb. 45, unten). Das Ergebnis ist 89, da 9^3 den Rest 721 ergibt. Damit sind wir mit unseren Rechenbeispielen am Ende.

Prüfungen

Soloban war und ist teilweise noch Pflichtfach in japanischen Schulen und wird geprüft. Diszipliniert hören die japanischen Kinder ihrem Lehrer bei der Erklärung des Prüfungsablaufes im Schulraum zu. Zettel mit Rechenaufgaben, zuerst Multiplikationen, dann Divisionen und zuletzt Additionen mit je 20 Rechenproblemen, werden nacheinander ausgeteilt. Auf das Kommando des Lehrers wird das Blatt Papier blitzschnell gewendet, eine Metallbeschwerung darauf gelegt, so dass es beim Rechnen nicht verrutschen kann, und dann rasseln die Solobane gleichzeitig in Nullstellung. Nach 10 Minuten kommt das Stoppsignal. Mindestens 70 % der Aufgaben in allen Prüfungsteilen müssen richtig sein, sonst gilt die Prüfung als nicht bestanden.

Bei den Tests in Anzan hat man dagegen nur 4 Minuten pro Rechenteil; jeder Teil besteht aus 15 Aufgaben. Natürlich werden außer einem Bleistift keine weiteren Hilfsmittel verwendet. Nach dem Startsignal gleiten Finger über das Papier. Sie führen die Bewegungen des Verschiebens der Rechensteine aus, damit die Zahlen ins Gehirn übermittelt werden.

Es gibt neun Kyu (Schüler)- Grade (der 9. ist der niedrigste, der 1. der höchste); danach kommen die Dan (Meister)-Grade. Um einen Handelsberuf ergreifen zu können, wird in Japan vielerorts mindestens der 3. Kyu verlangt. Um Soloban-Lehrer zu sein, braucht man mindestens den 1. Kyu. Es gibt zudem zahlreiche Privatschulen, an denen Soloban-Grade erhalten werden können.

Zukunft des Solobans

Sie wissen nun, dass dein Soloban einen jahrhundertealten, einfachen, aber logischen Rechner darstellt. Rechnen ist sichtbar, man benötigt Routine, mitunter kann es anstrengend sein; ein Taschenrechner ist bequemer, erlöst einem vom Denken. So kommt es wohl, dass Leute und Geschäfte, die einen Soloban verwenden, manchmal als rückständig eingestuft werden. Auch Anzan weicht den maschinellen Rechenmethoden, vor allem weil es maximale Konzentration voraussetzt.

Doch es gibt auch Anstrengungen (dieses Buch gehört dazu) das traditionelle Kulturgut zu bewahren. Nicht zuletzt auch, weil die SolobanTerminologie in der Informatik Verwendung gefunden hat. Um das visuelle Gedächtnis zu schulen, um die Konzentrationsfähigkeit zu erhöhen, damit man beim Handeln die Zahlen gleich vor sich sieht und damit nicht so leicht bei Geschäften betrogen werden kann, nimmt die Bereitschaft zum Studium von Soloban und Anzan in Ostasien wieder zu, nicht zuletzt deshalb, weil diese Rechenmethoden international auf etwas Interesse gestoßen sind.

Abbildungen

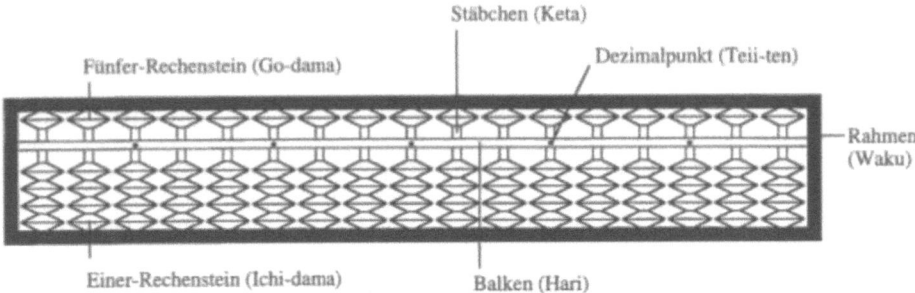

Abbildung 1: Bauteile eines Solobans. Die japanischen Namen sind in Klammern angegeben. Der Soloban ist in 0-Stellung.

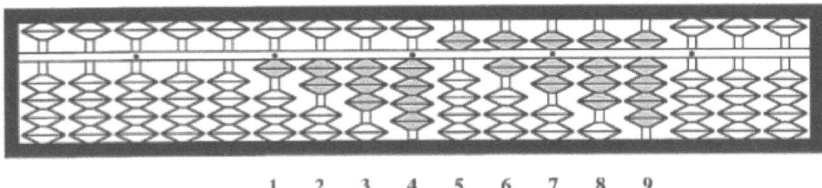

Abbildung 2: Der Soloban mit der Einstellung der Zahlenwerte von 1 bis 9

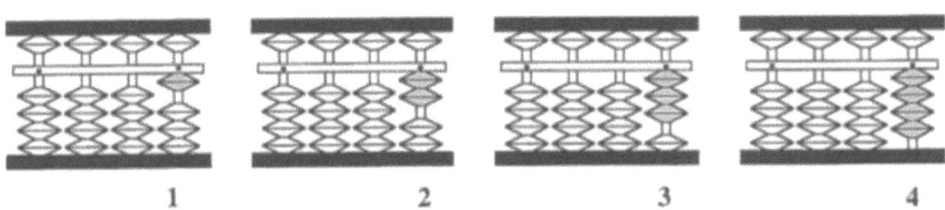

Abbildung 3: Die Zahlenwerte der vier unteren Rechensteine

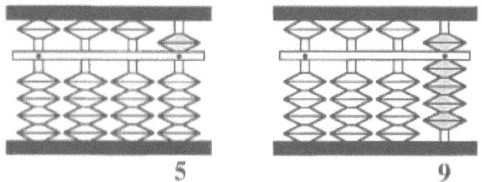

Abbildung 4: Der Fünfer-Rechenstein

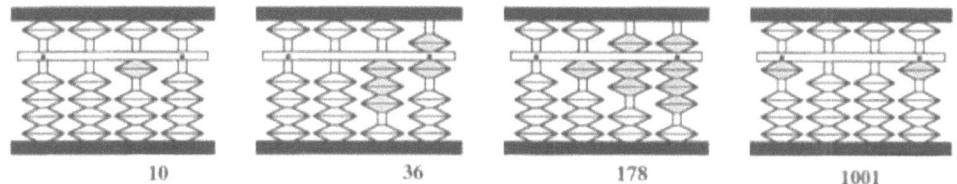

Abbildung 5: Das Lesen der höheren Zahlenwerte

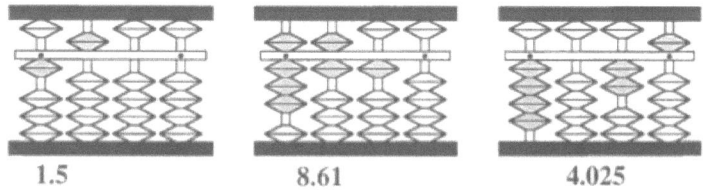

Abbildung 6: Das Lesen der Dezimalzahlen

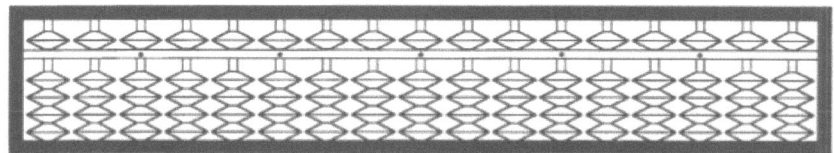

Abbildung 7: Alle Rechensteine sind unten

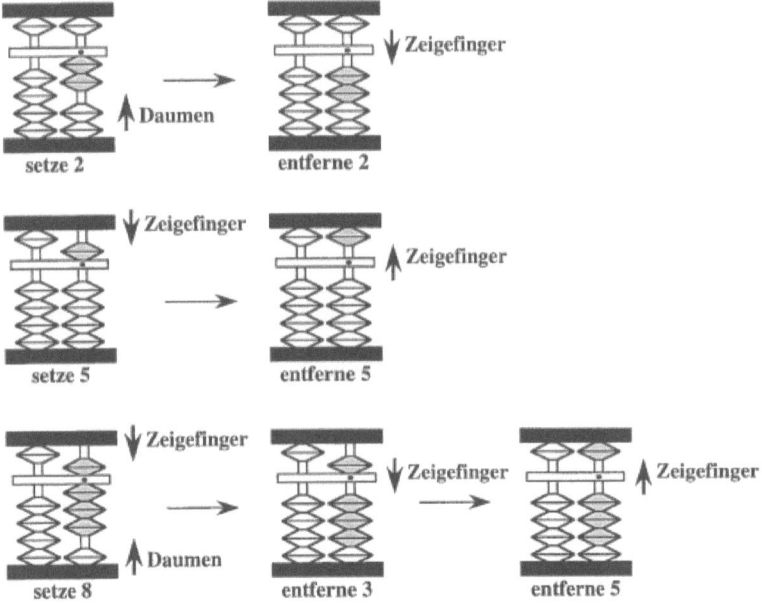

Abbildung 8: Das Verschieben der Rechensteine

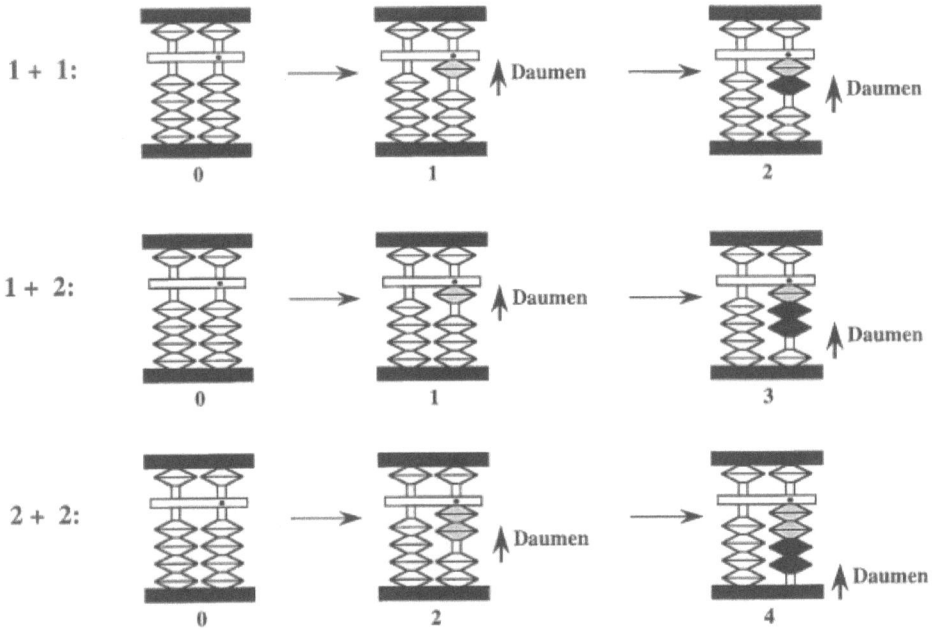

Abbildung 9: Addition mit den Einersteinen

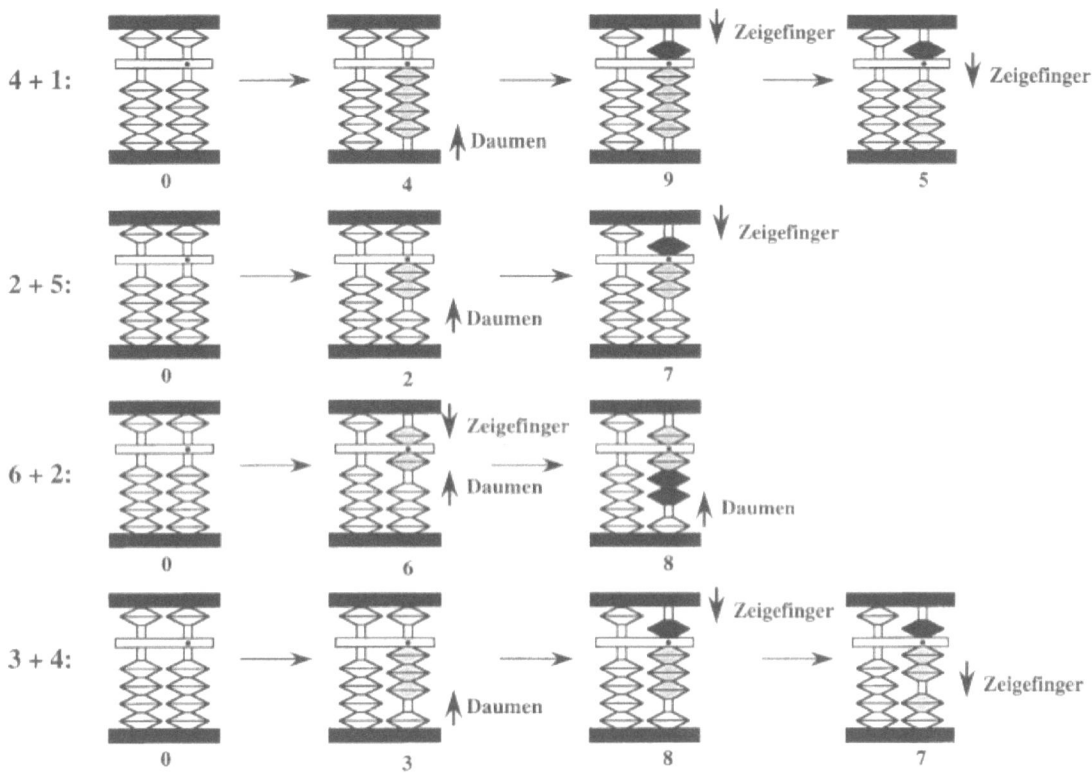

Abbildung 10: Addition mit Verwendung des Fünfer-Rechensteins

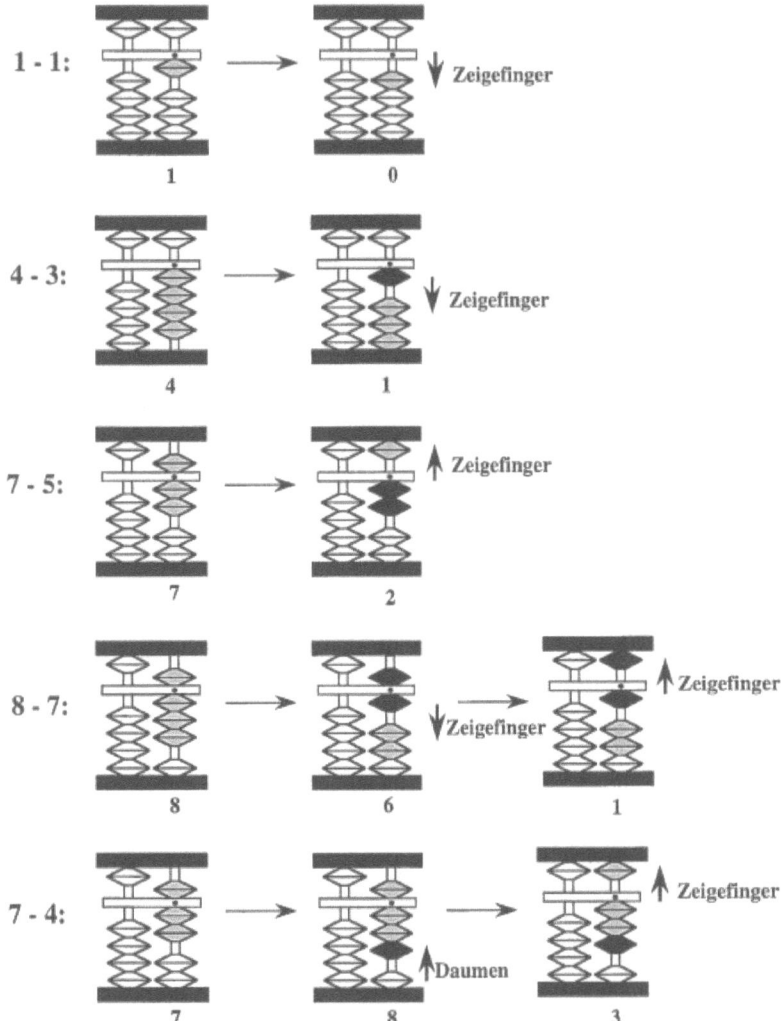

Abbildung 11: Subtraktion in der Einersäule

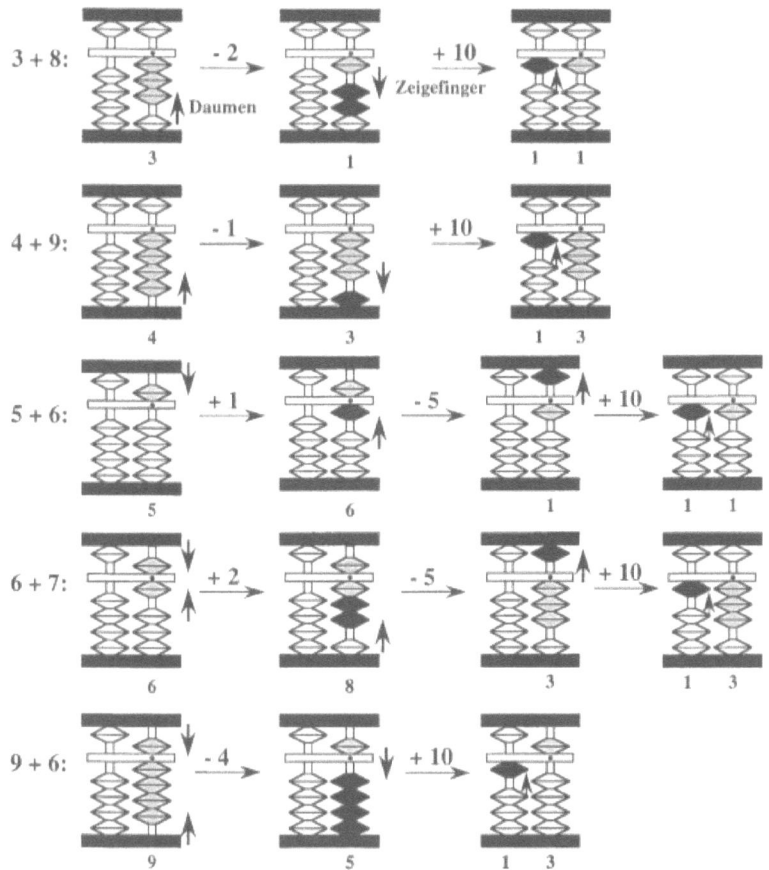

Abbildung 12: Additionen mit Subtraktionszwischenschritten

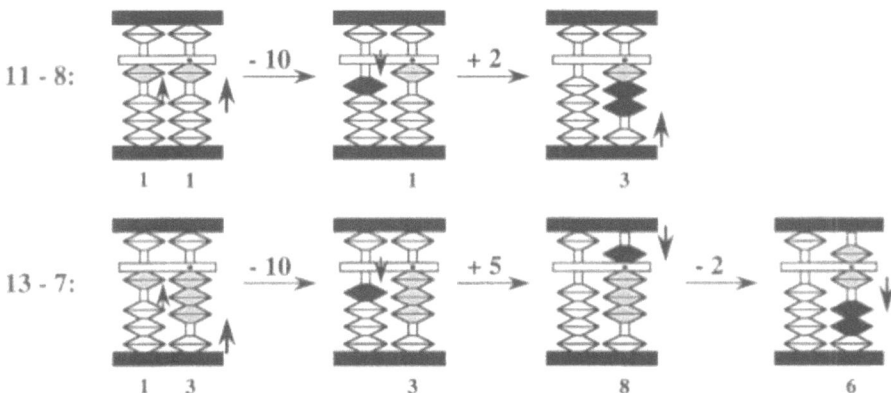

Abbildung 13: Subtraktionen mit Additionszwischenschritten

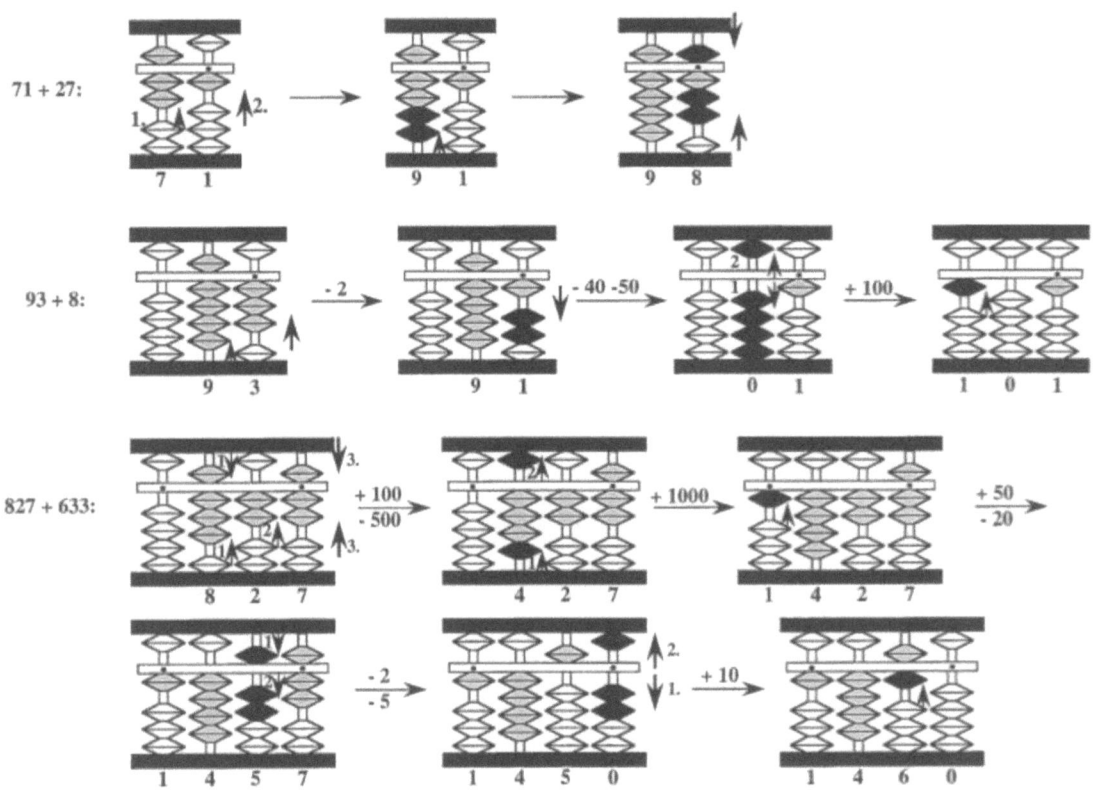

Abbildung 14: Addition mit höheren Zahlen

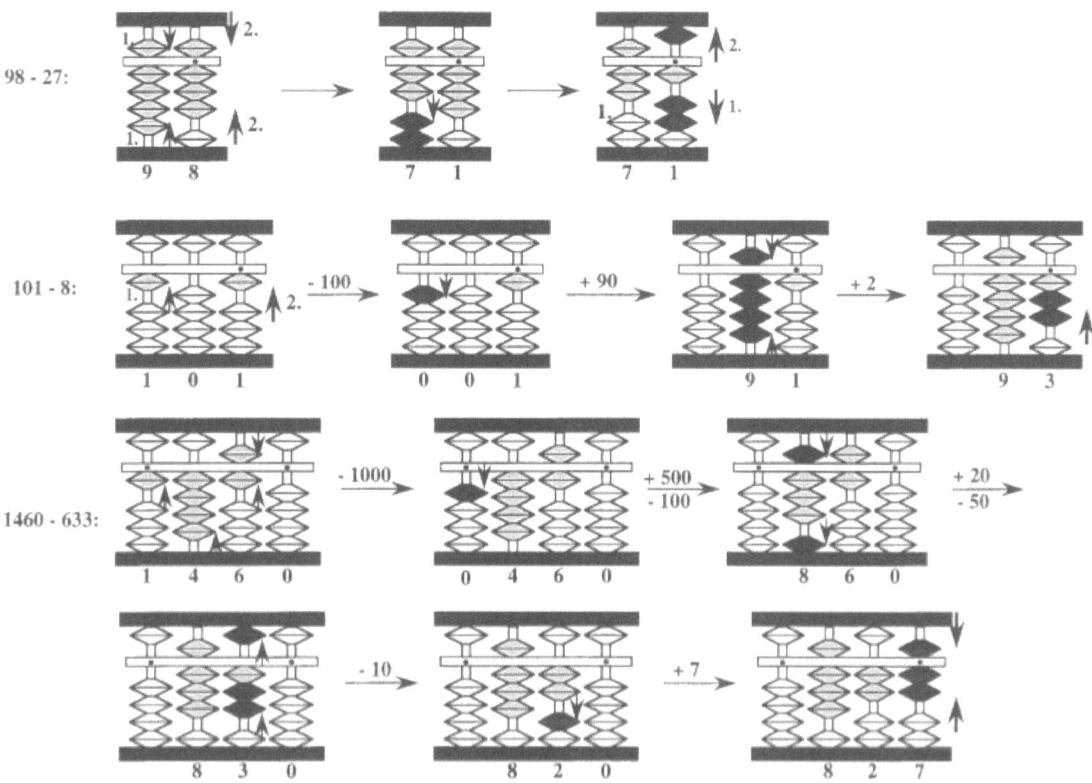

Abbildung 15: Subtraktion von höheren Zahlen

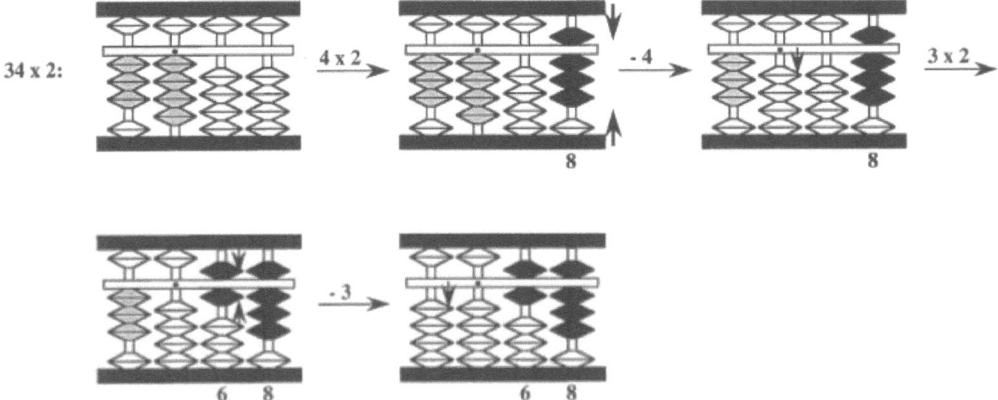

Abbildung 16: Einfache Multiplikation

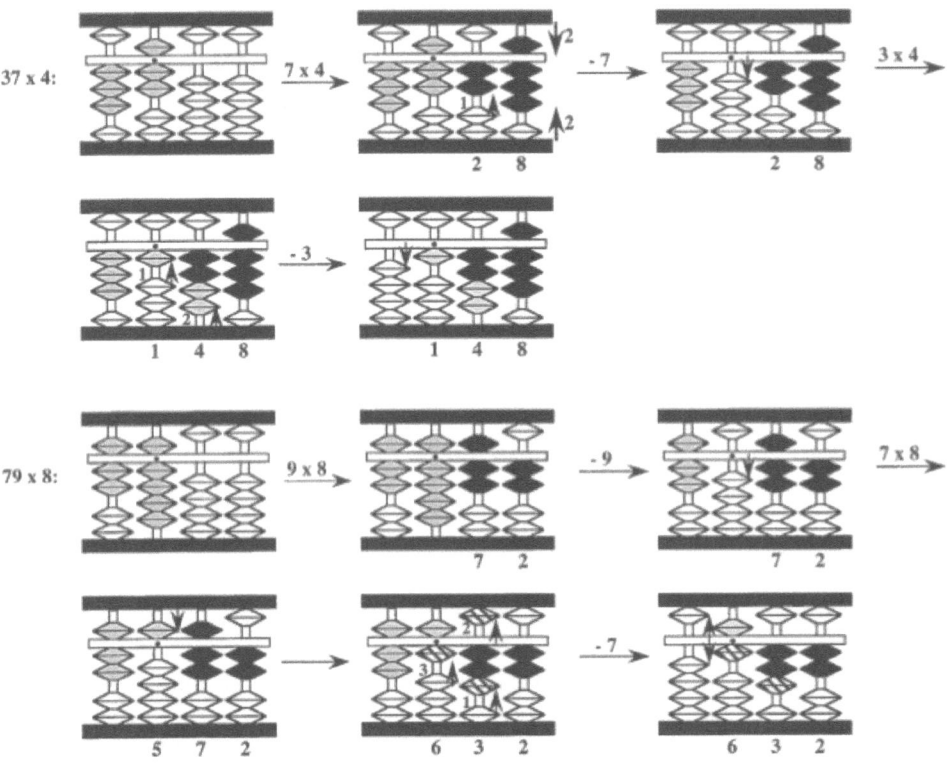

Abbildung 17: Multiplikationen von zweistelligen mit einstelligen Zahlen

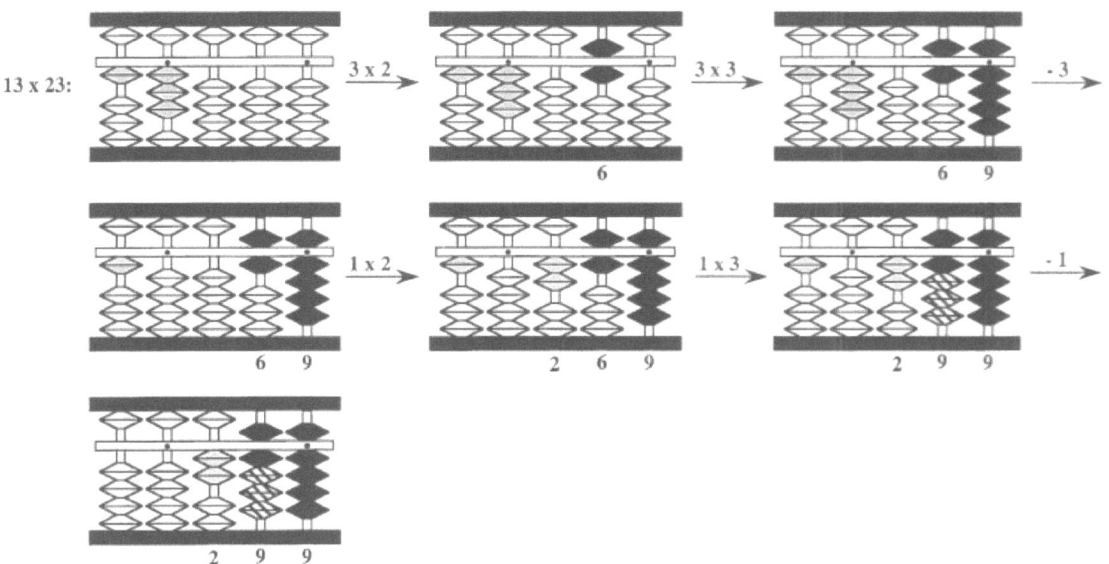

Abbildung 18: Multiplikation von zweistelligen Zahlen

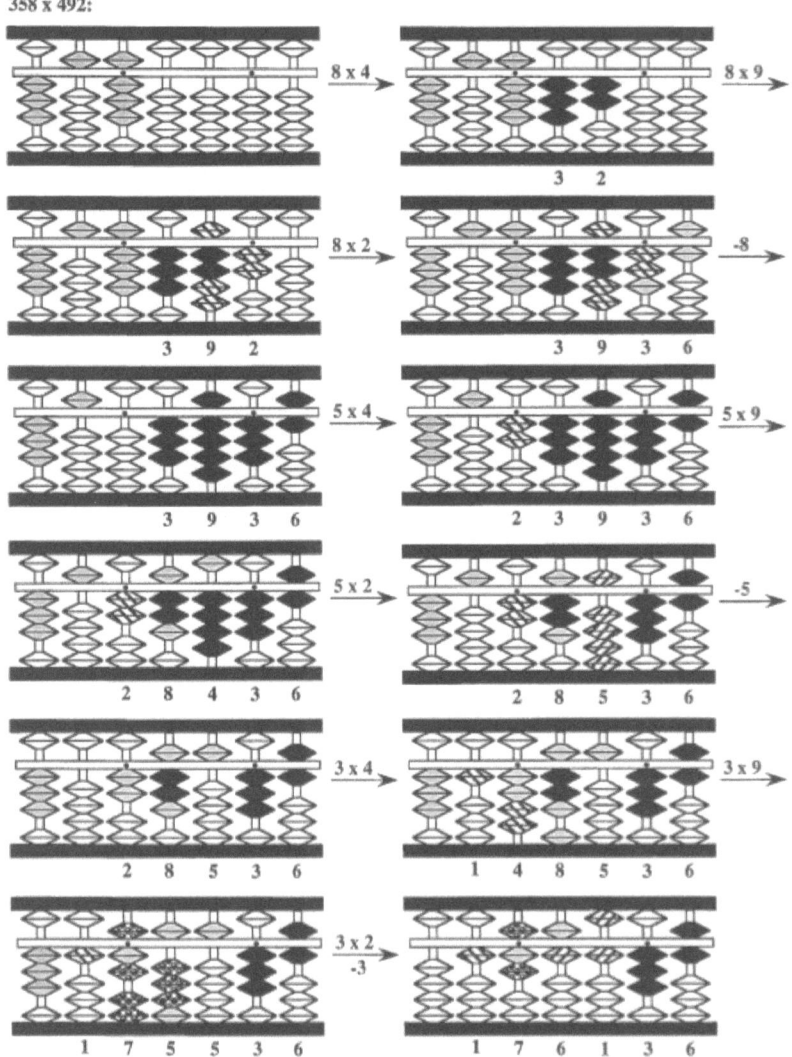

Abbildung 19: Multiplikation von dreistelligen Zahlen

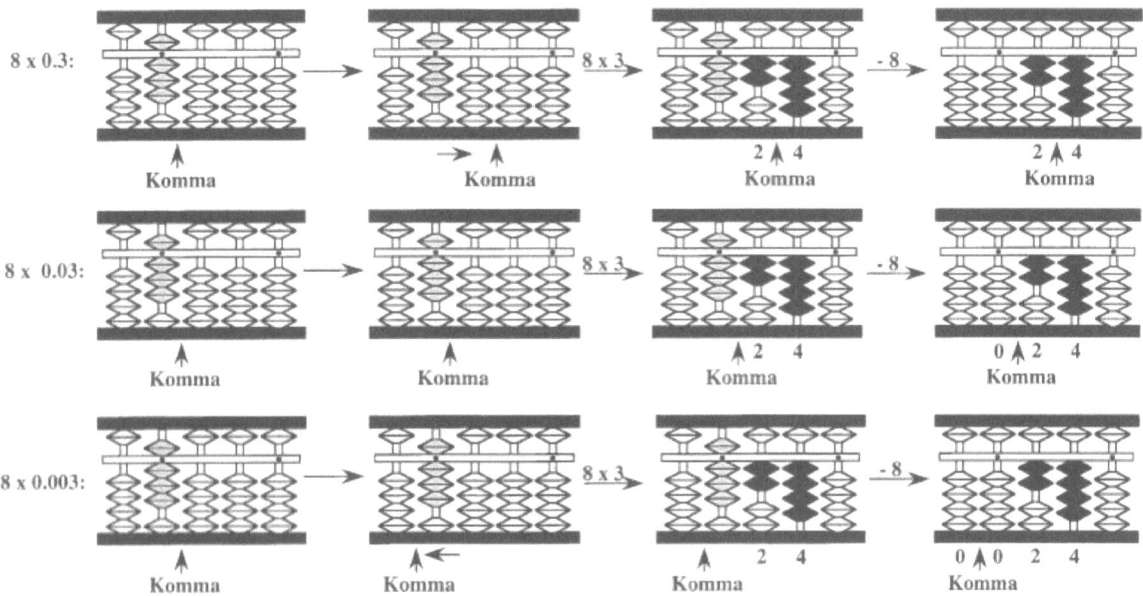

Abbildung 20: Multiplikation von einer ganzen Zahl mit einer Zahl zwischen 0 und 1. Das Komm wird durch Auflegen des linken Zeigefongers auf den Balken markiert.

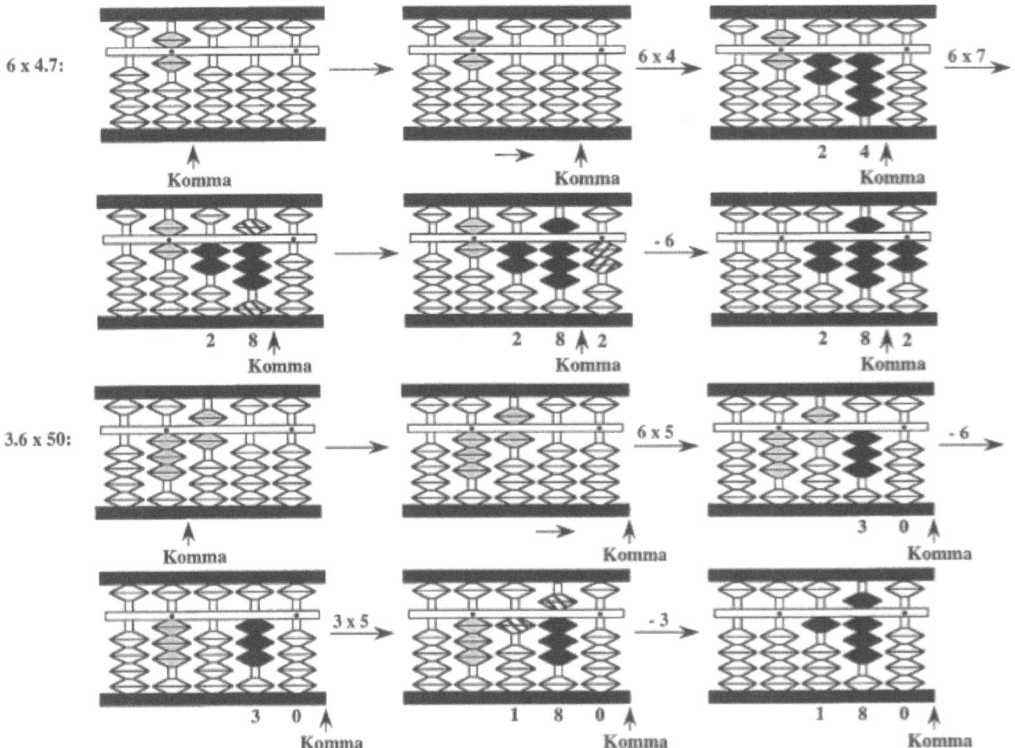

Abbildung 21: Multiplikation von ungeraden Zahlen grösser als 1 mit einer ganzen Zahl

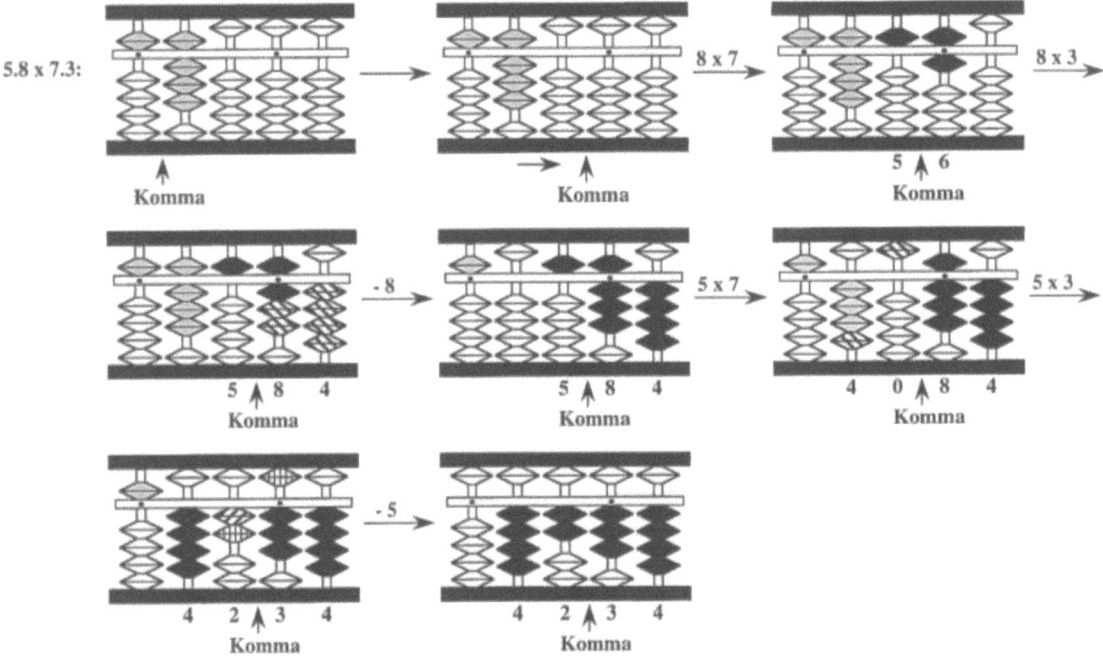

Abbildung 22: Multiplikation von zwei ungeraden Zahlen

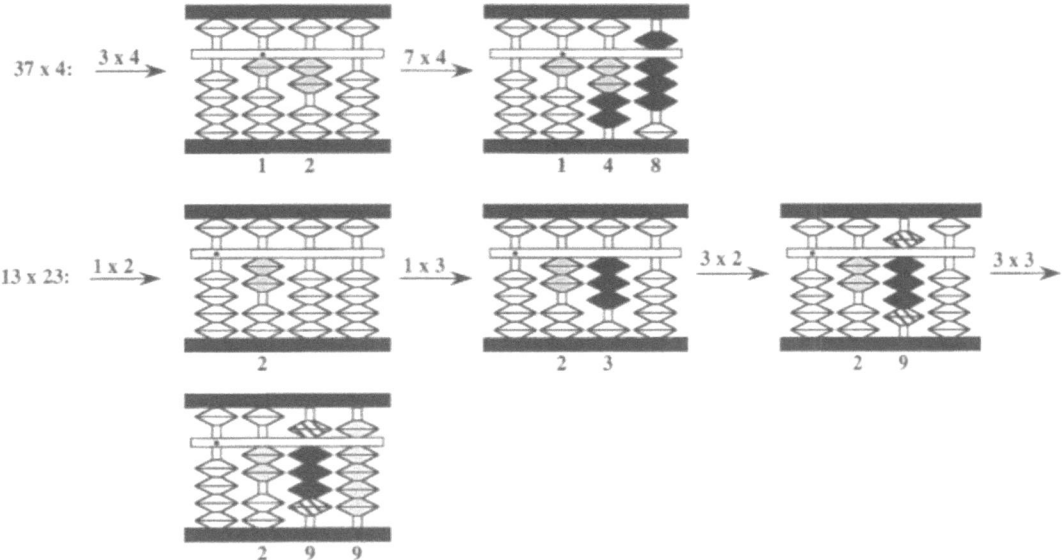

Abbildung 23: Multiplikation von zwei ungeraden Zahlen

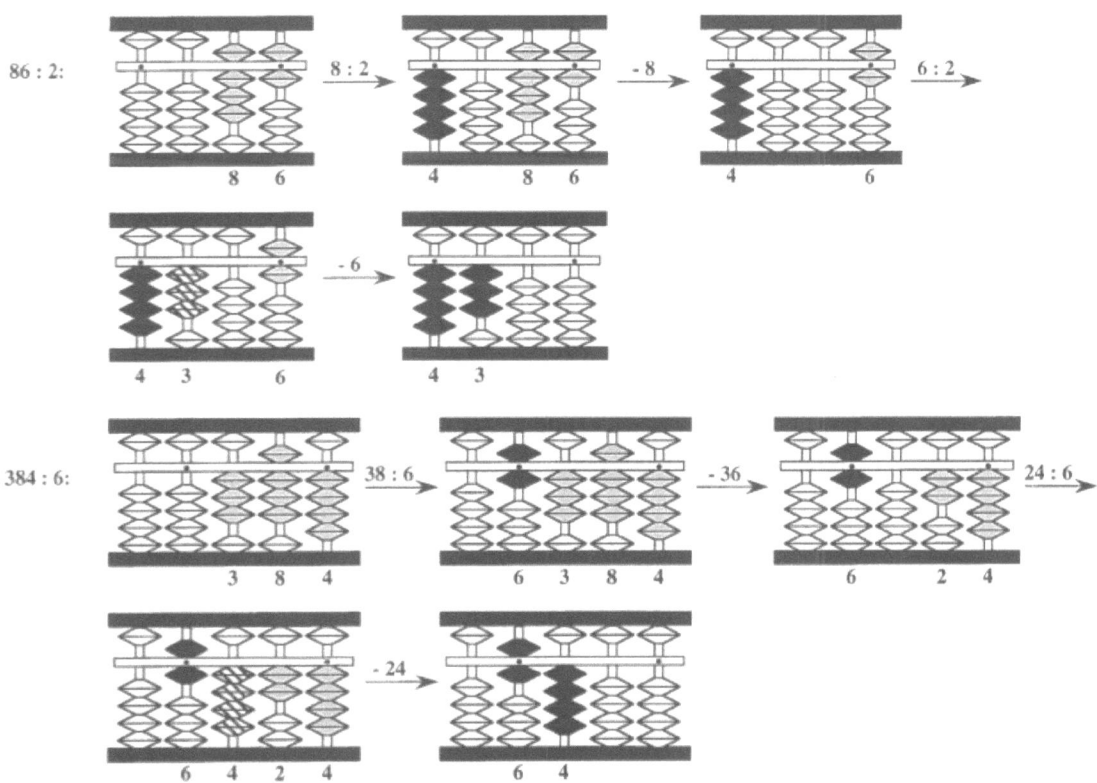

Abbildung 24: Einfache Division

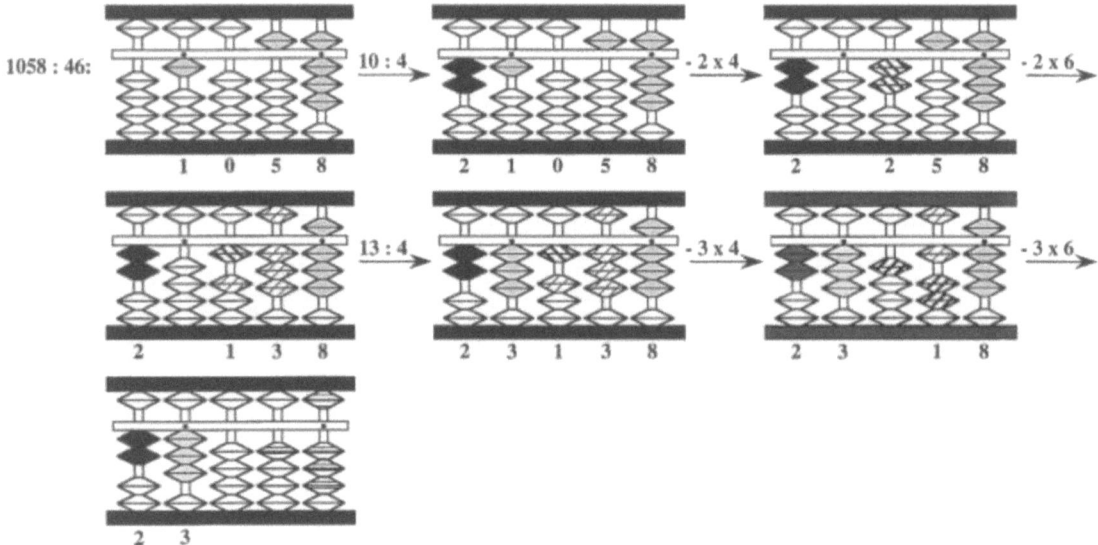

Abbildung 25: Division mit einem zweistelligen Divisor

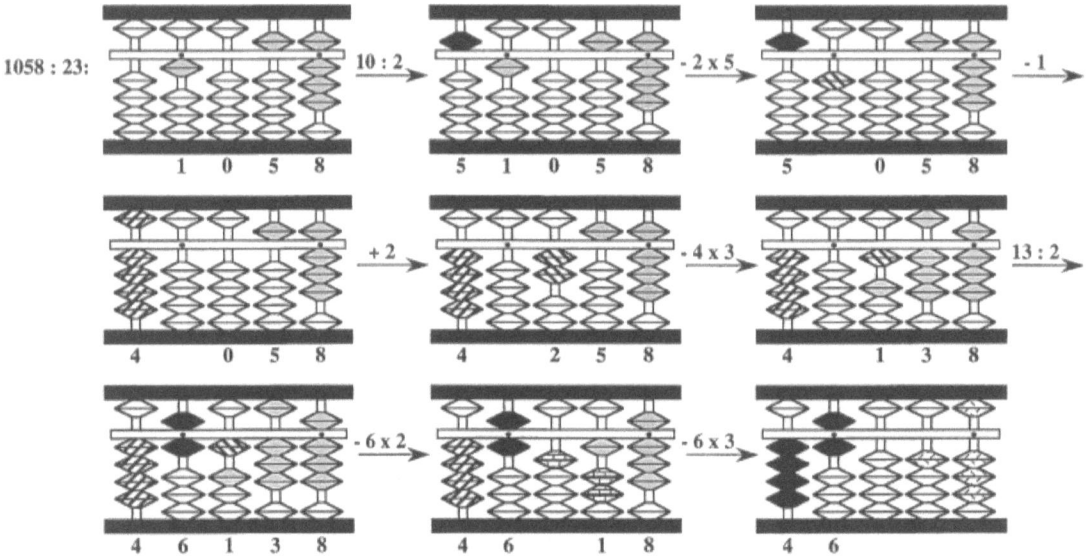

Abbildung 26: Division mit einem Subtraktions-Additions-Zwischenschritt

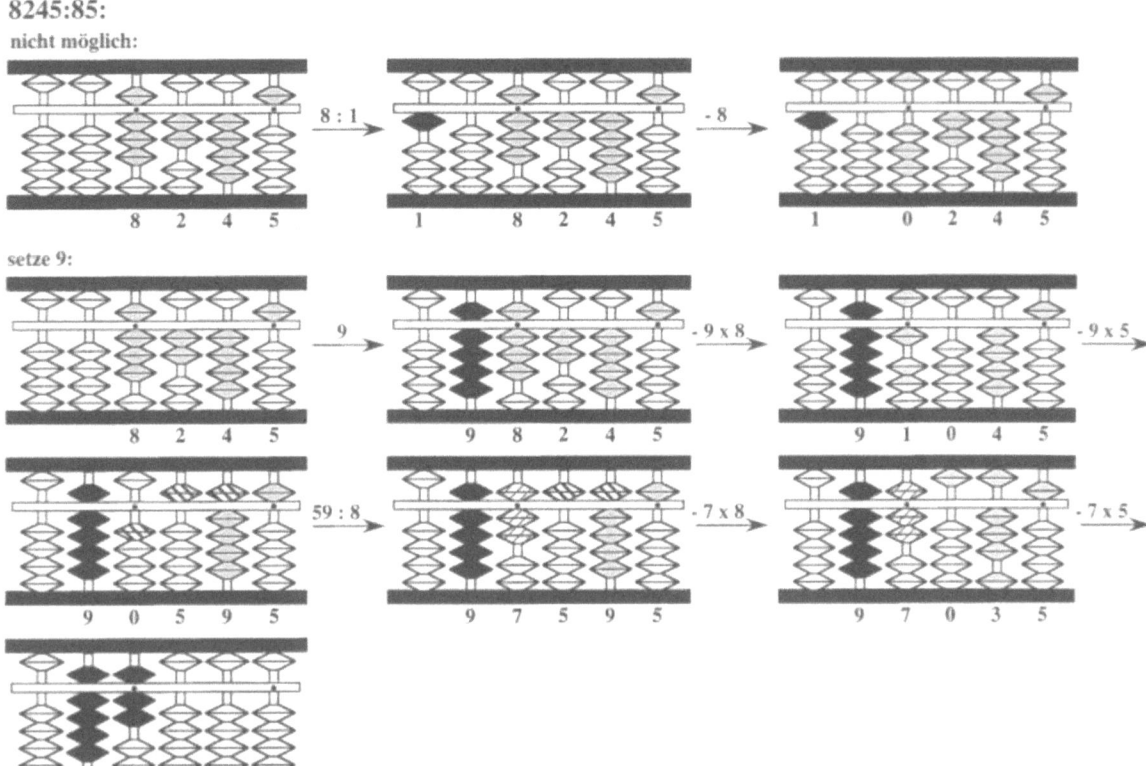

Abbildung 27: Start der Division mit 9

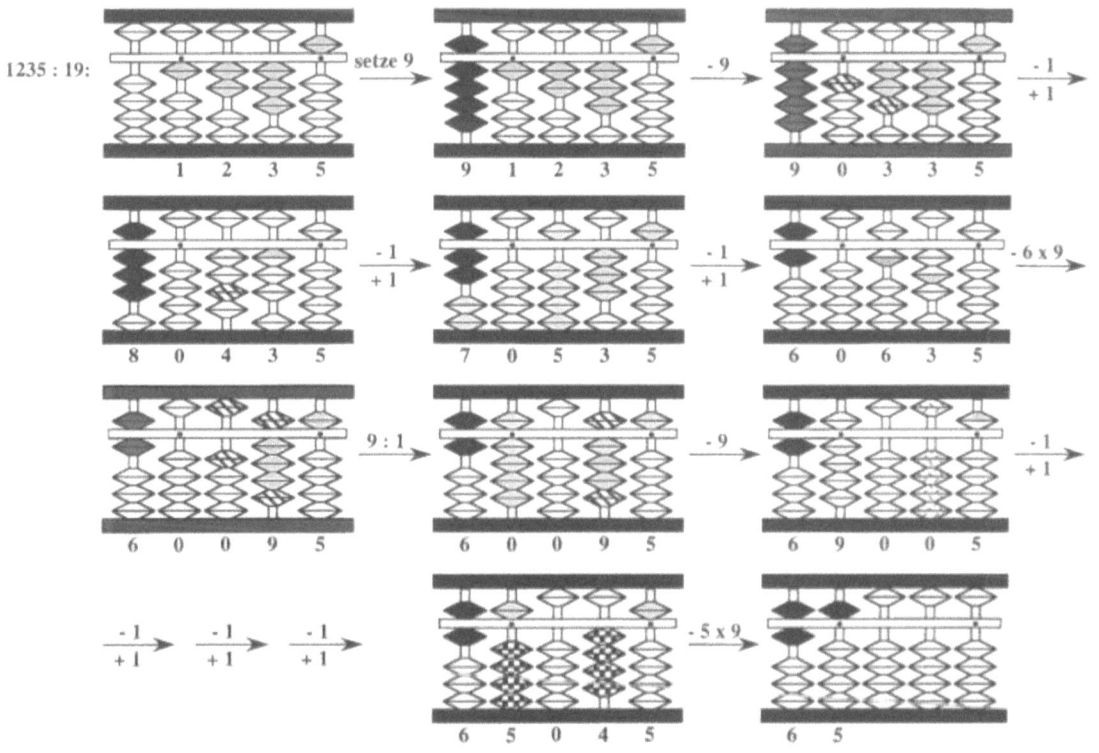

Abbildung 28: Beispiel für eine komplexe Division

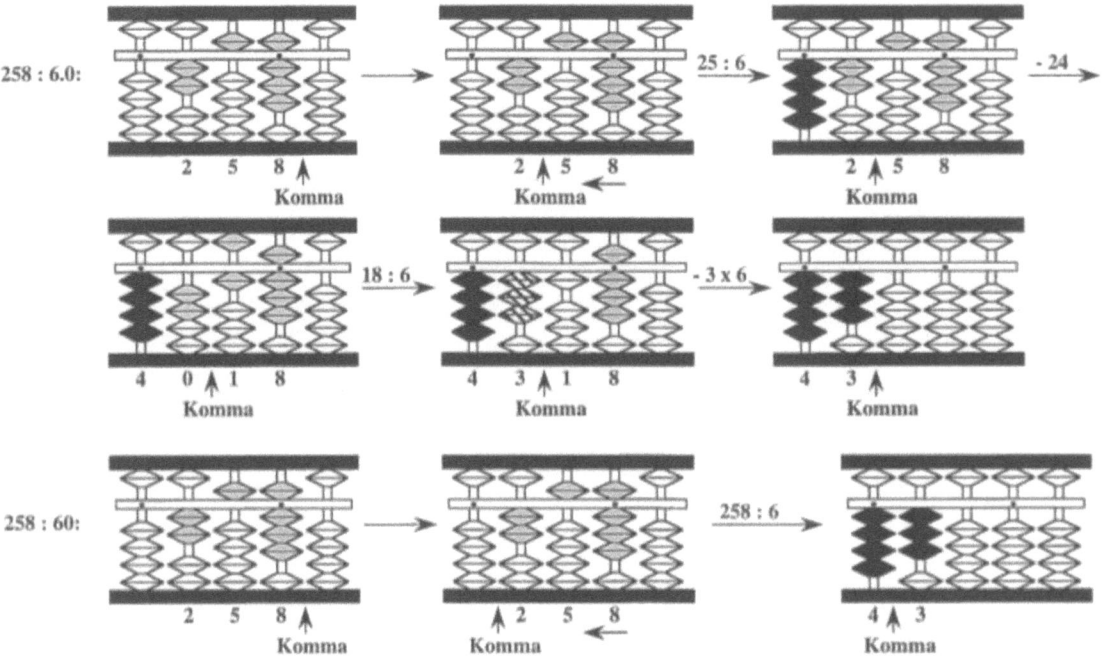

Abbildung 29: Das Komma bei der Division

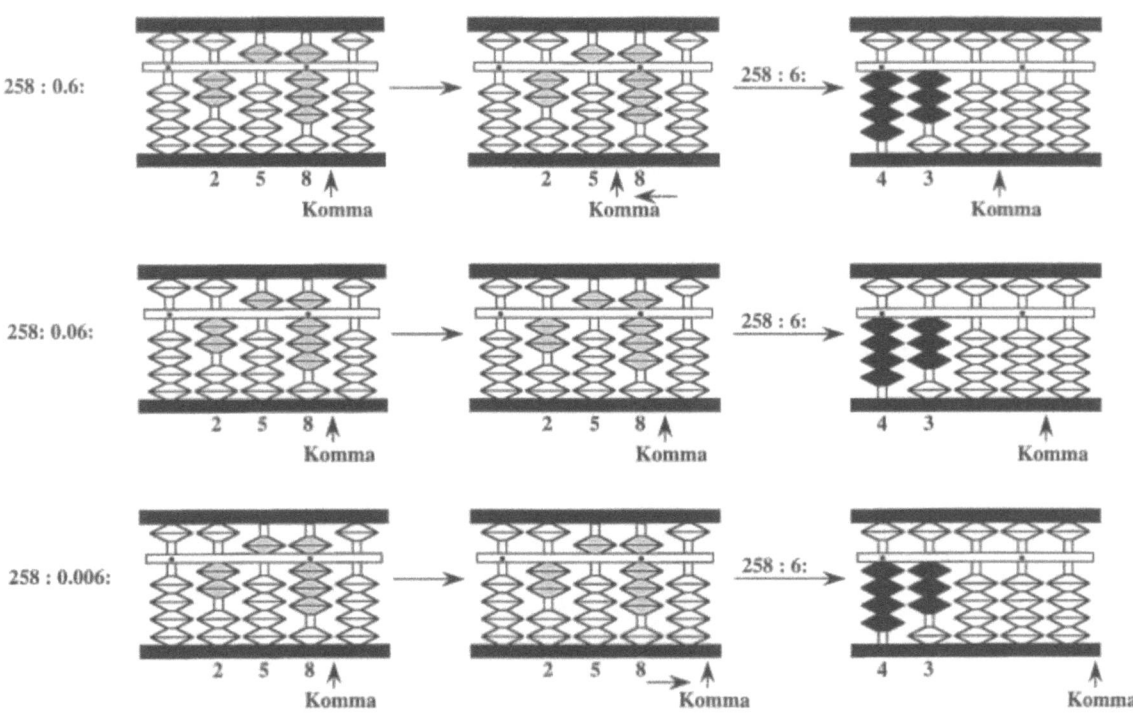

Abbildung 30: Division mit Divisoren kleiner als 1

26.27 : 7.1:

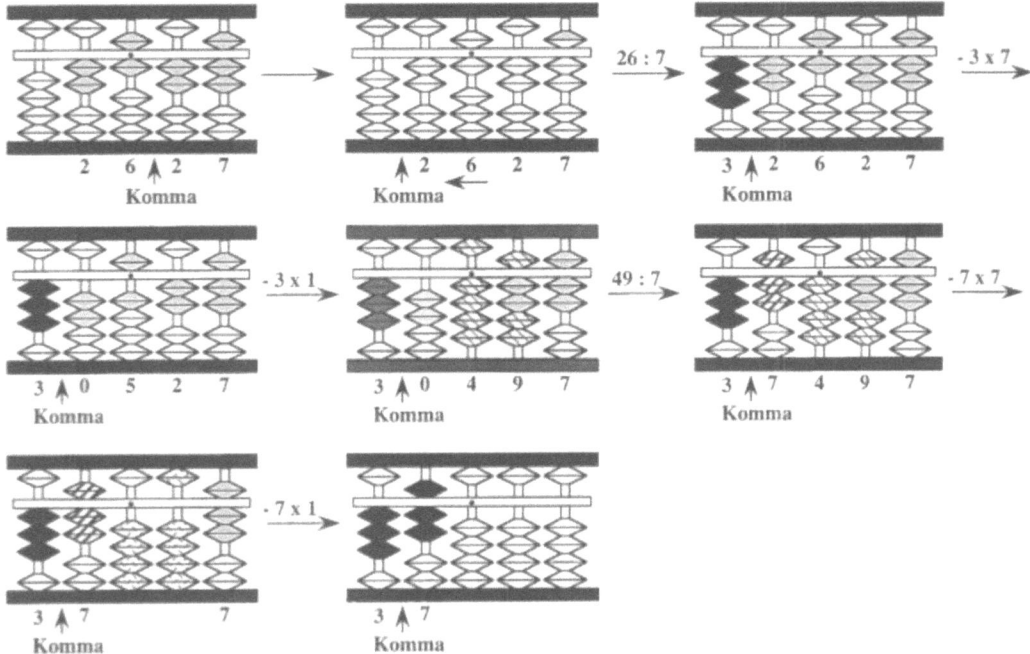

Abbildung 31: Division mit gebrochenen Zahlen

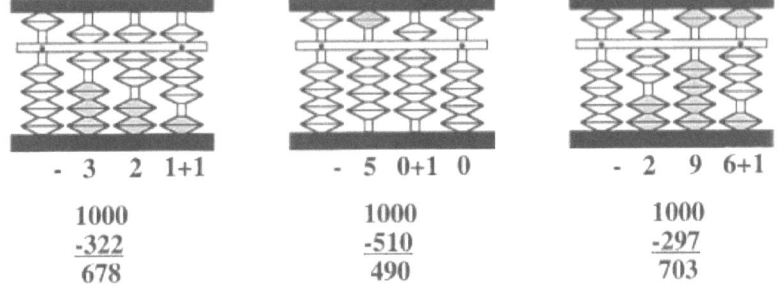

Abbildung 32: Negative Zahlen

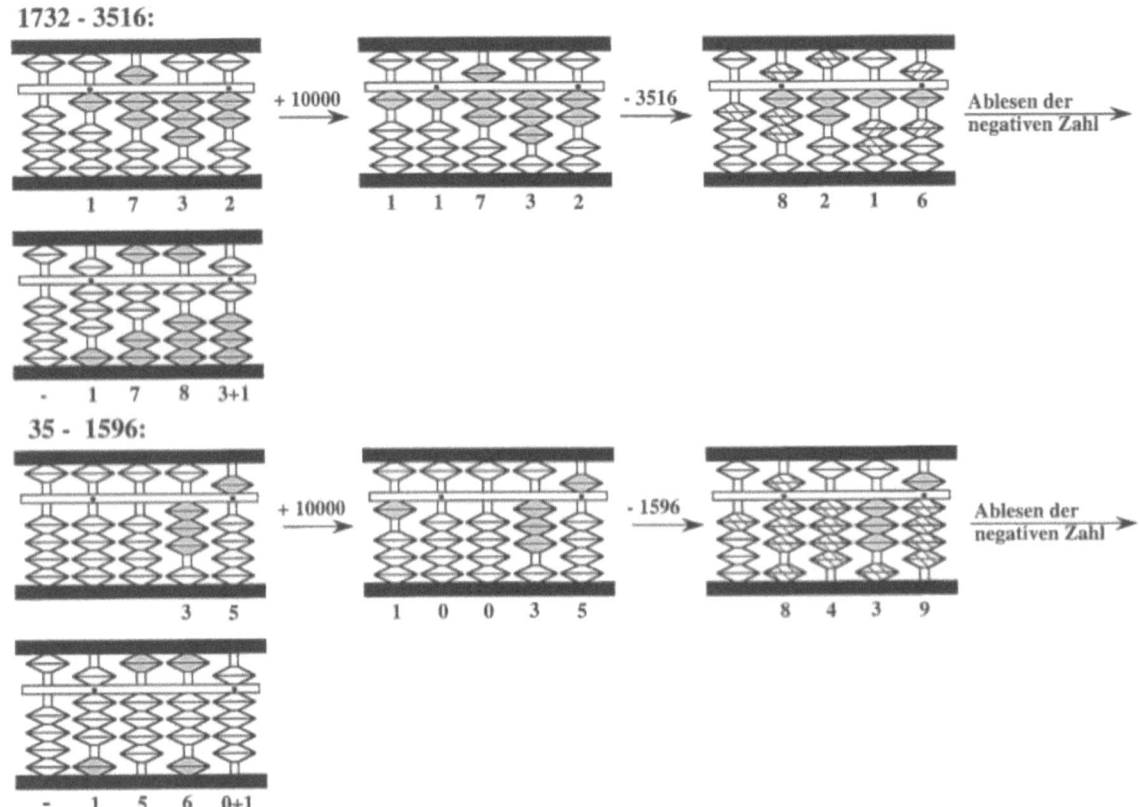

Abbildung 33: Subtraktionen mit negativem Ergebnis

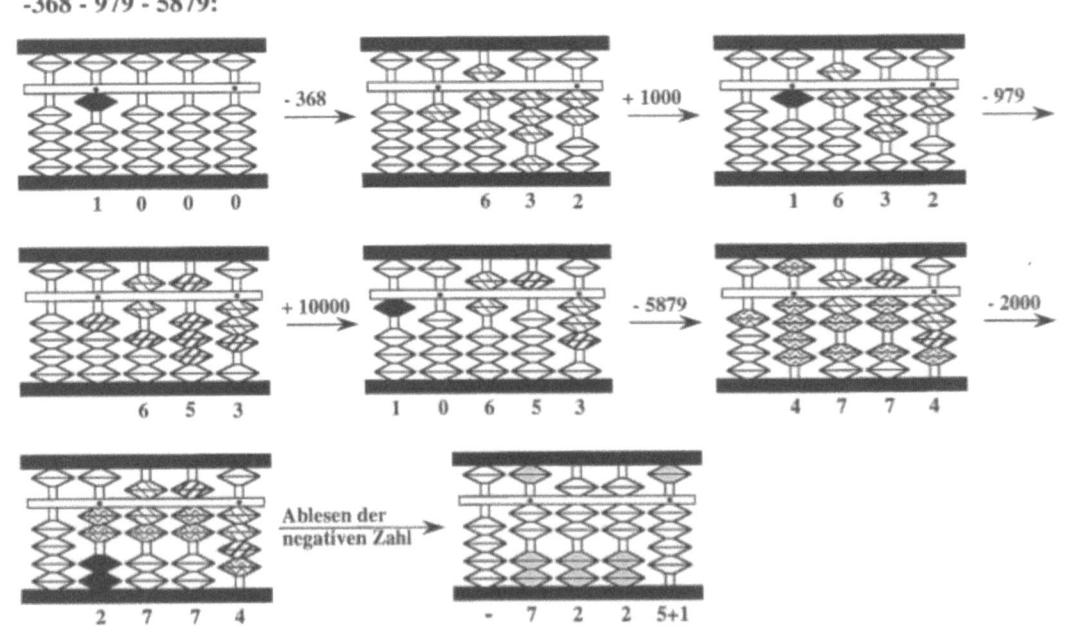

Abbildung 34: Subtraktion von mehreren negativen Zahlen

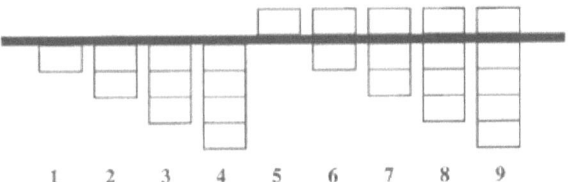

Abbildung 35: Mögliche visuelle Vorstellung des Solobans für Anzan

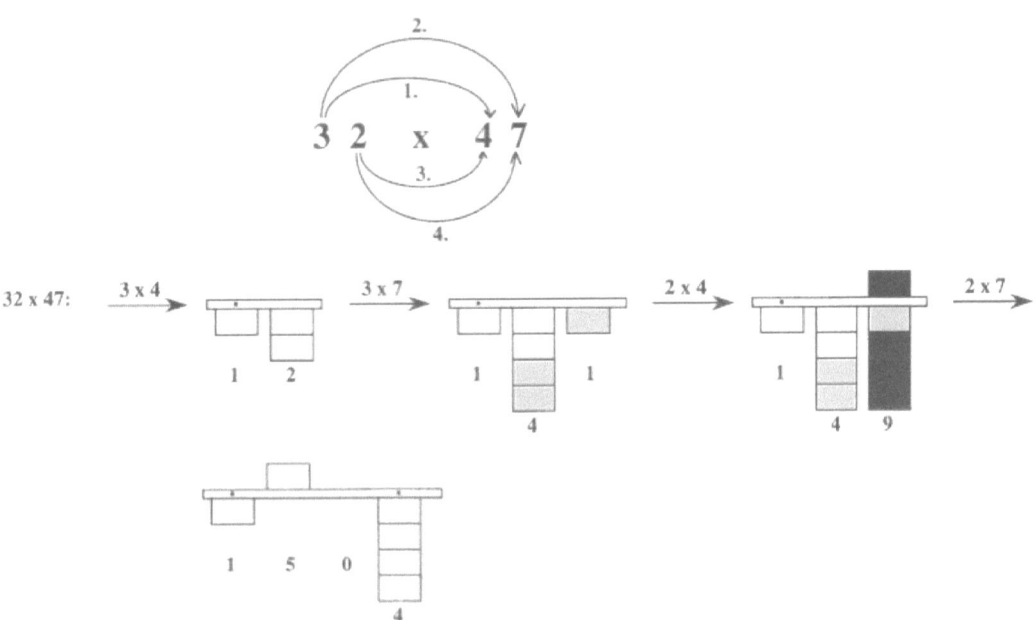

Abbildung 36: Multiplikation mit Anzan

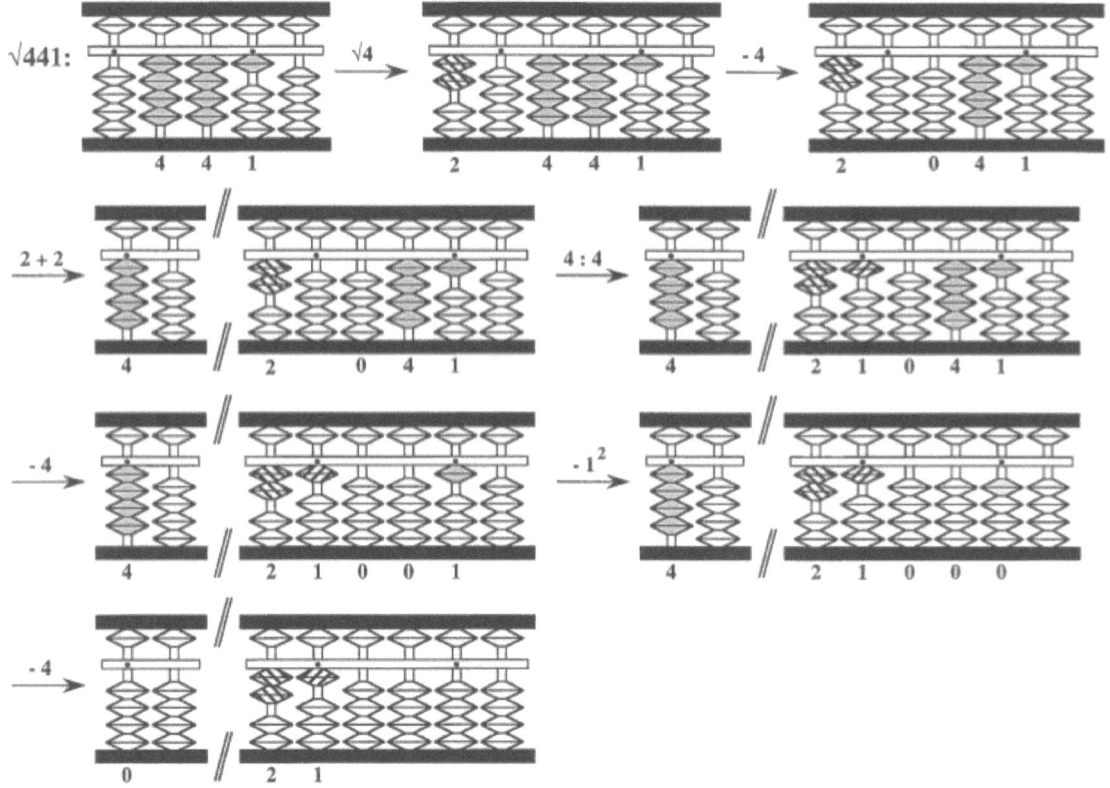

Abbildung 37: Einfache Quadratwurzel. Der Schrägstrich bedeutet einen variablen Zwischenraum oder einen zweiten Soloban.

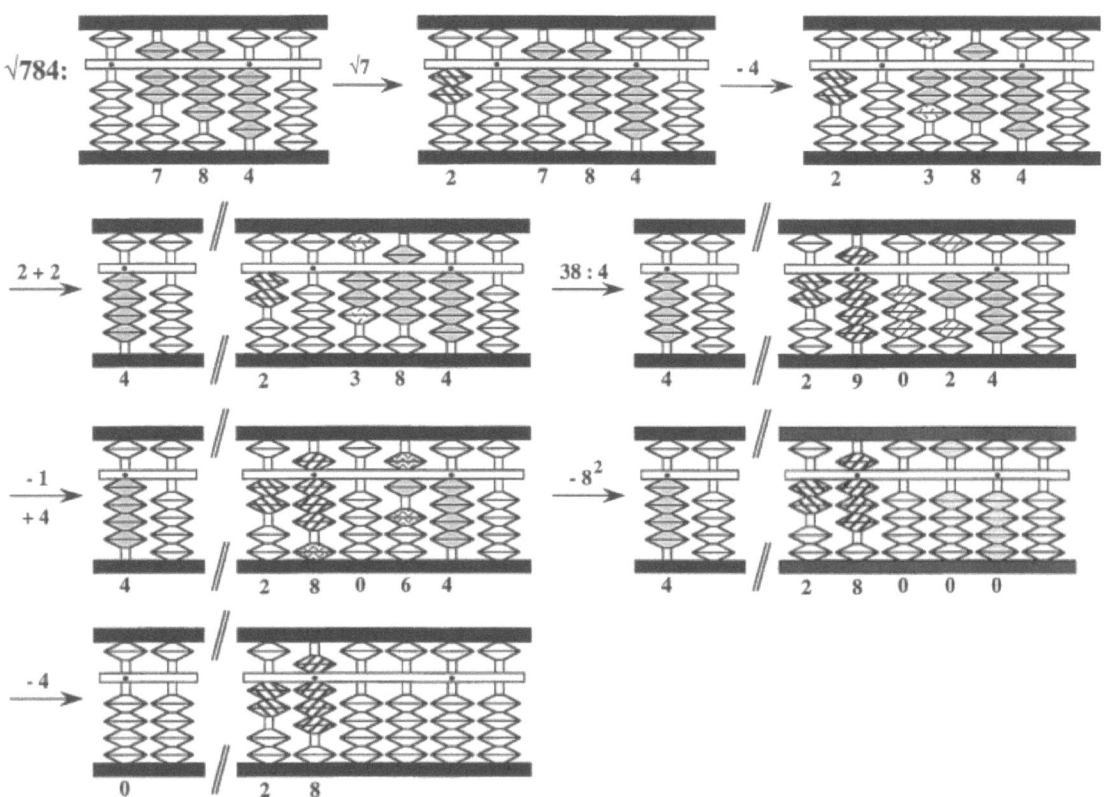

Abbildung 38: Quadratwurzel mit Subtraktions-Additionszwischenschritt

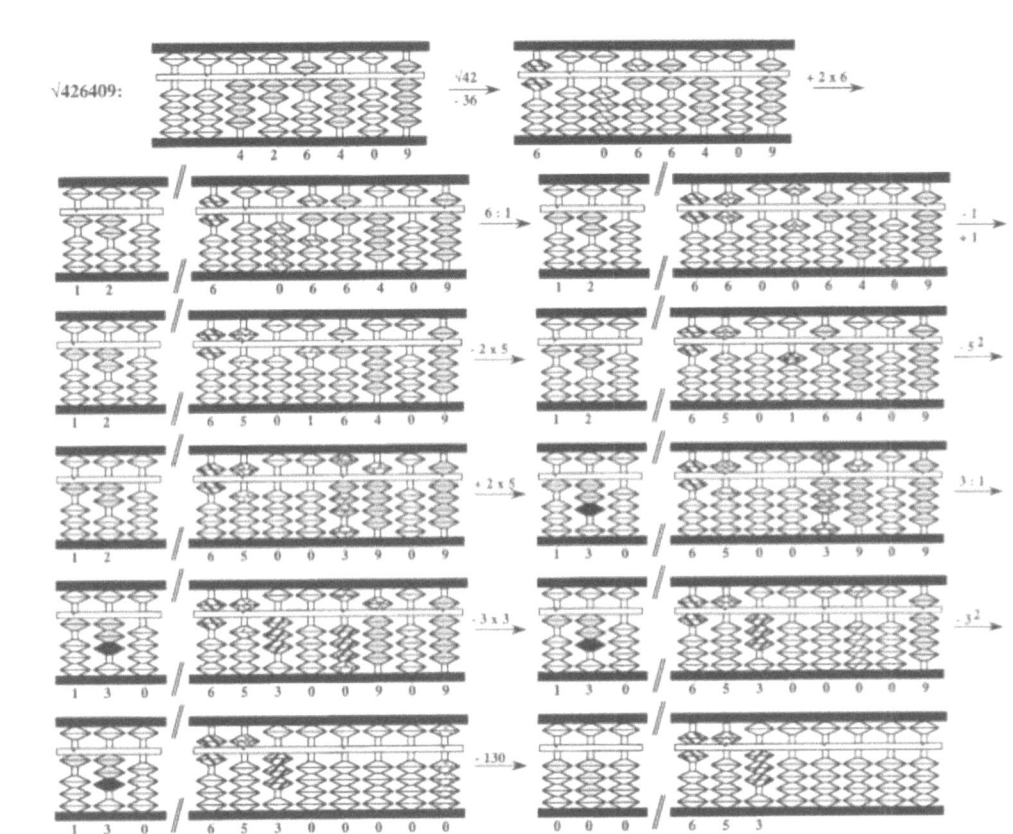

Abbildung 39: Quadratwurzel mit höheren Zahlen

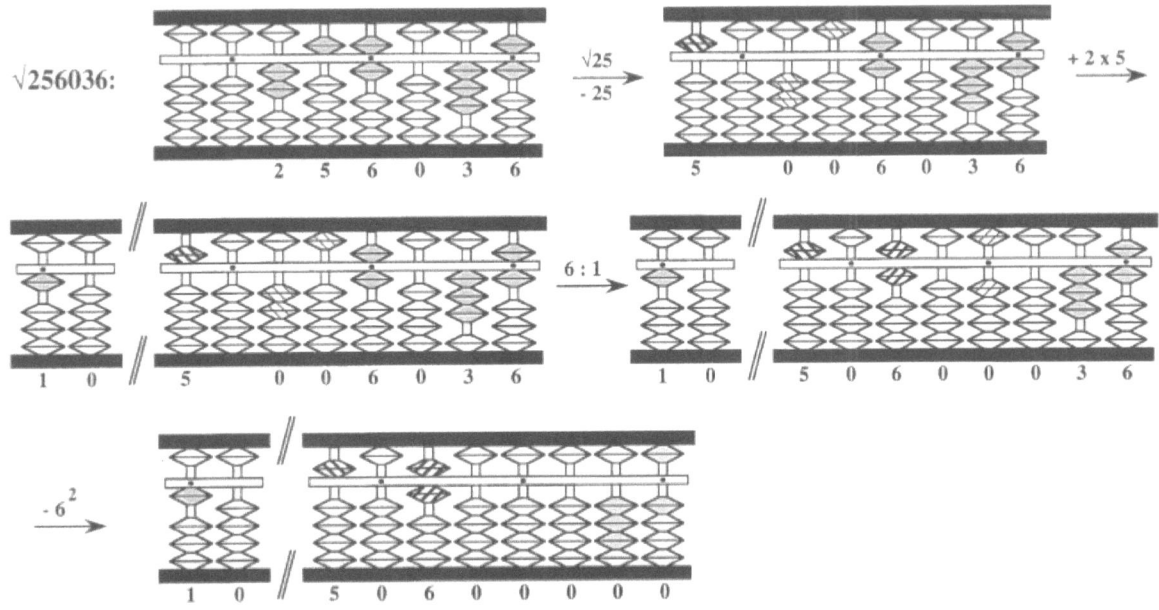

Abbildung 40: Quadratwurzel mit 0 im Ergebnis

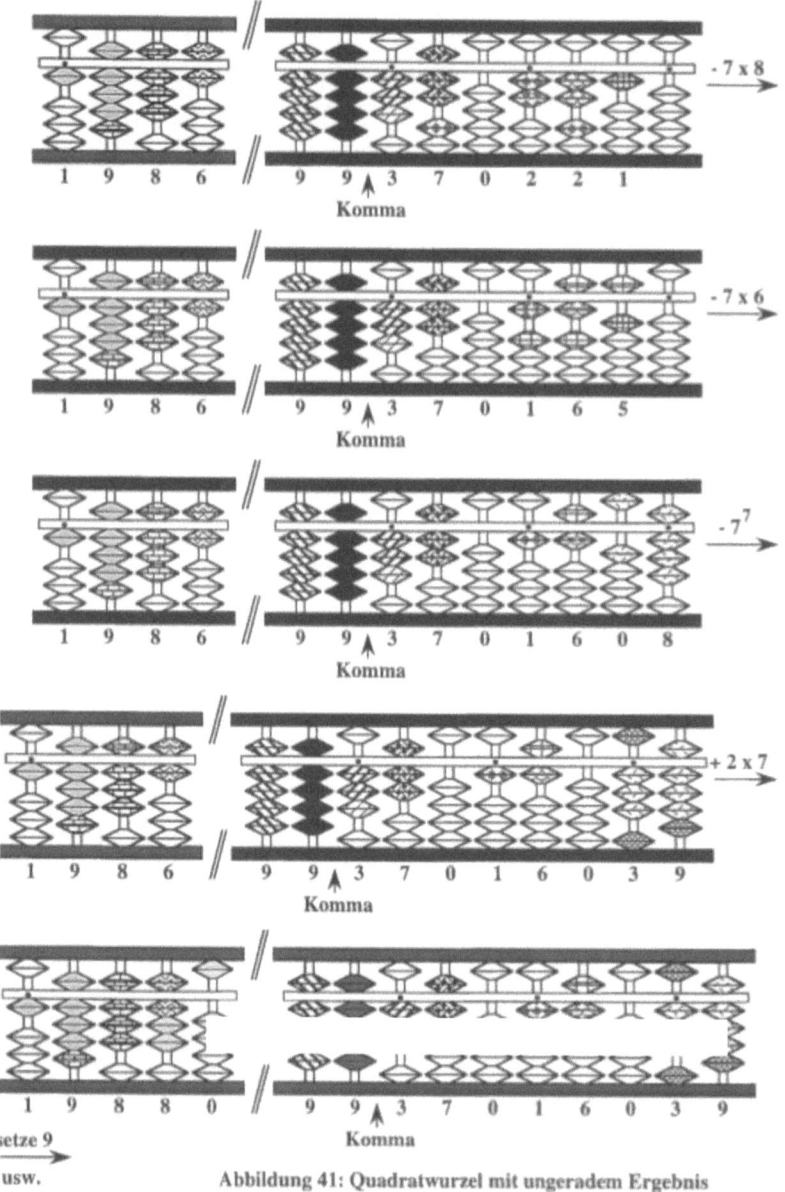

Abbildung 41: Quadratwurzel mit ungeradem Ergebnis

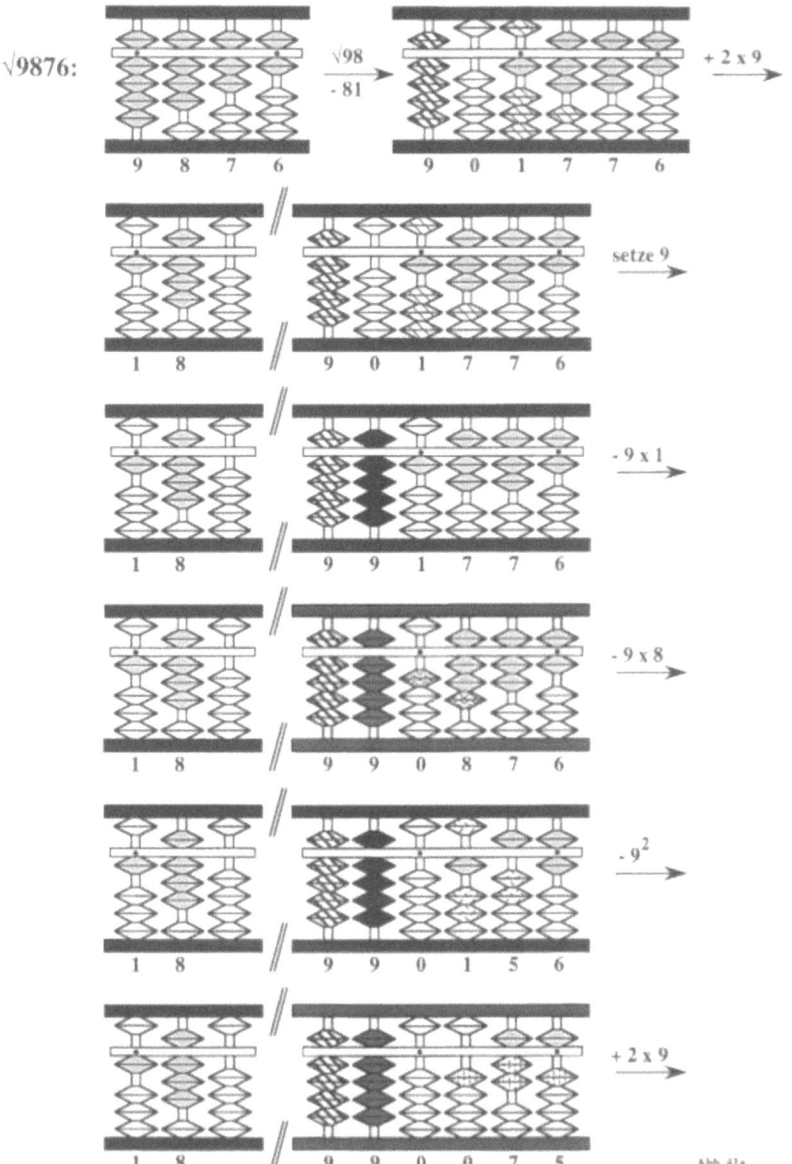

Abbildung 41a

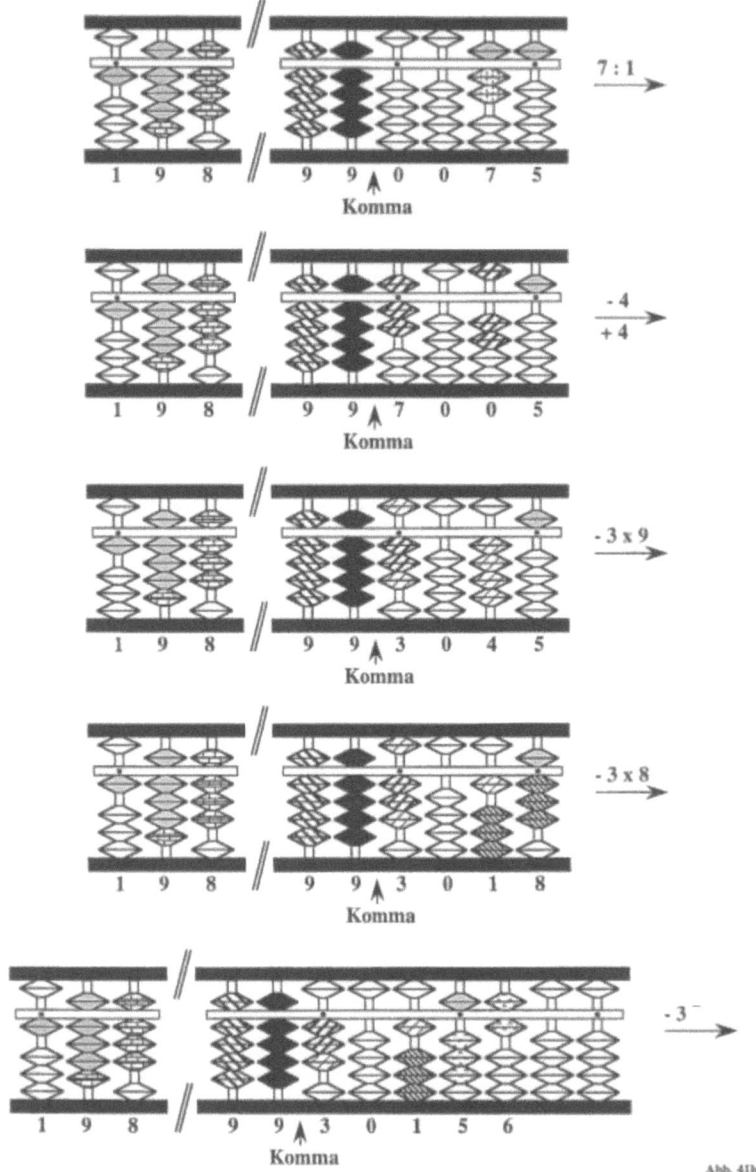

Abbildung 41b

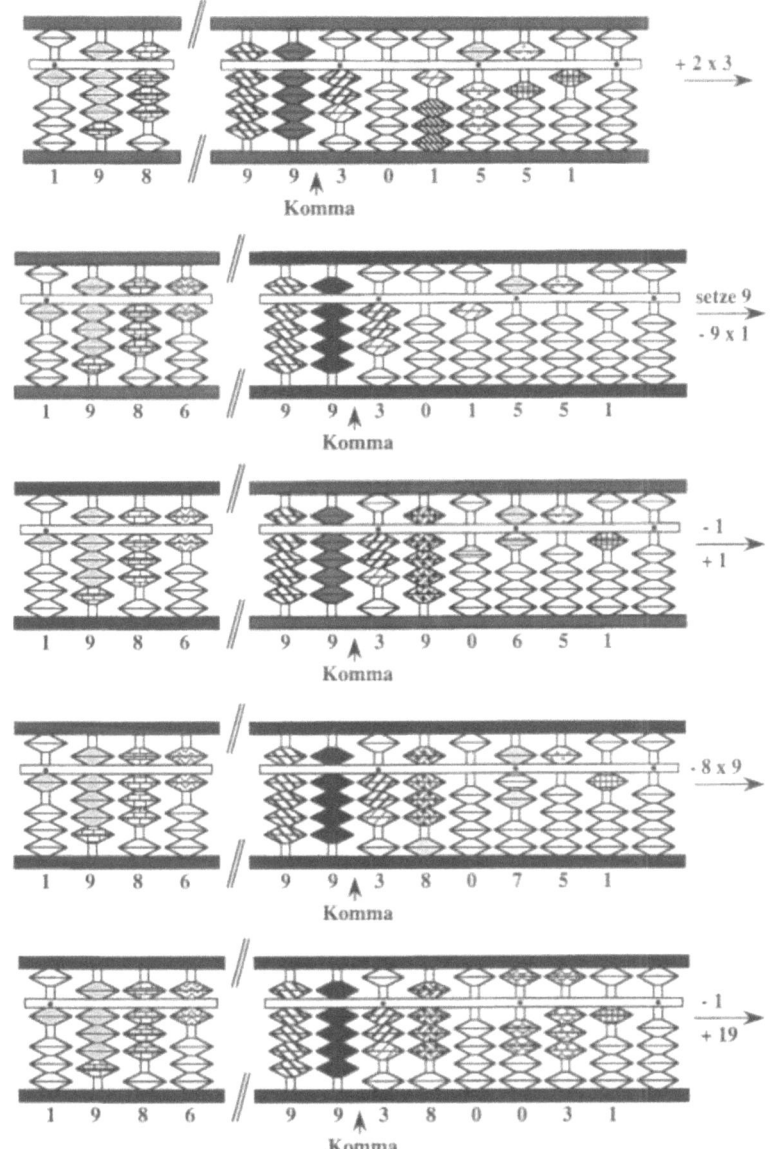

Abbildung 41c

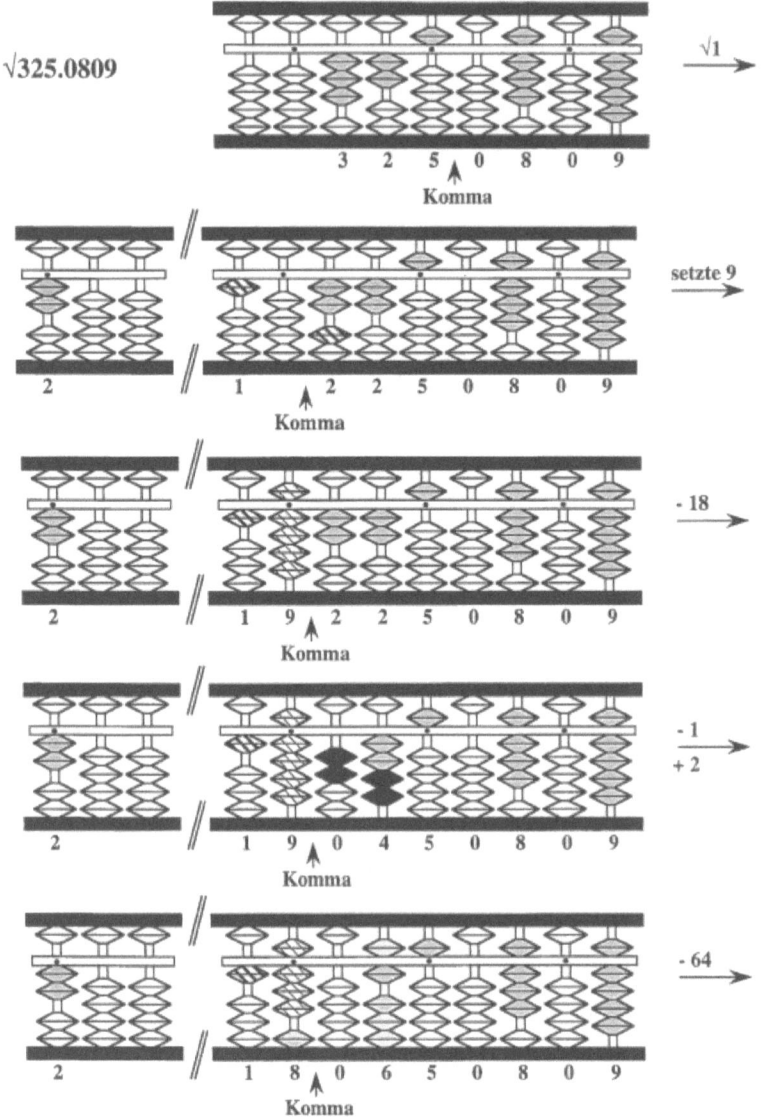

Abbildung 42: Quadratwurzeln aus Kommazahlen grösser als 1

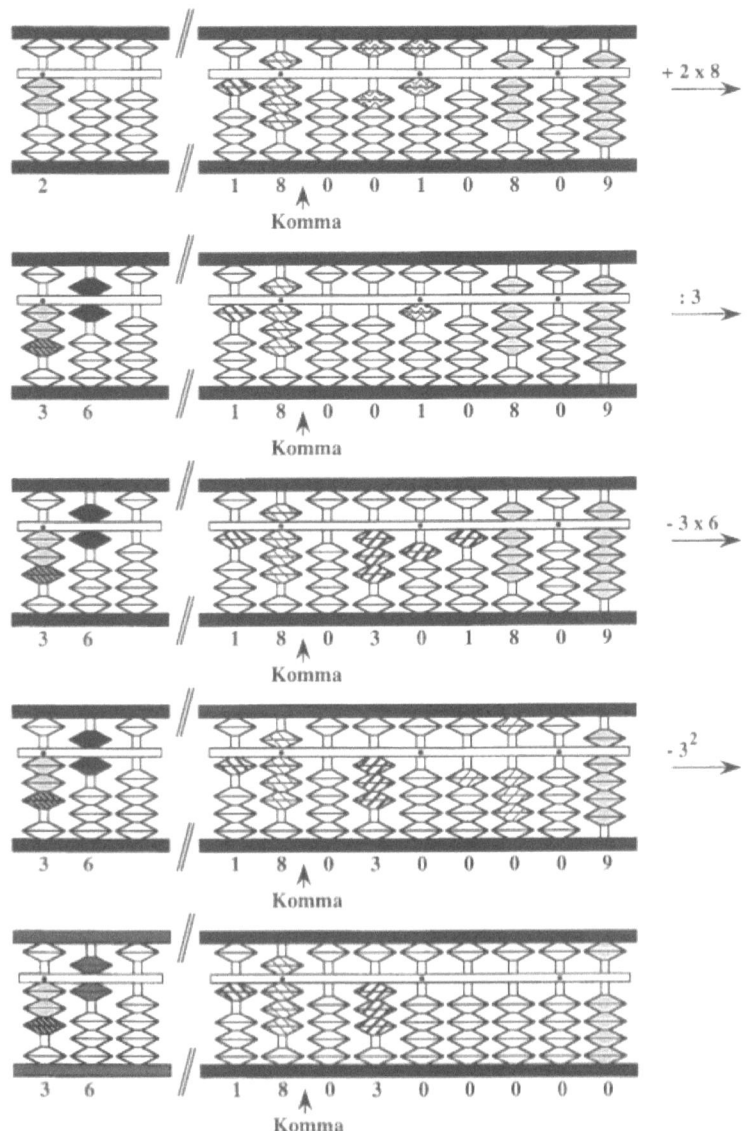

Abbildung 42a

∛1278:

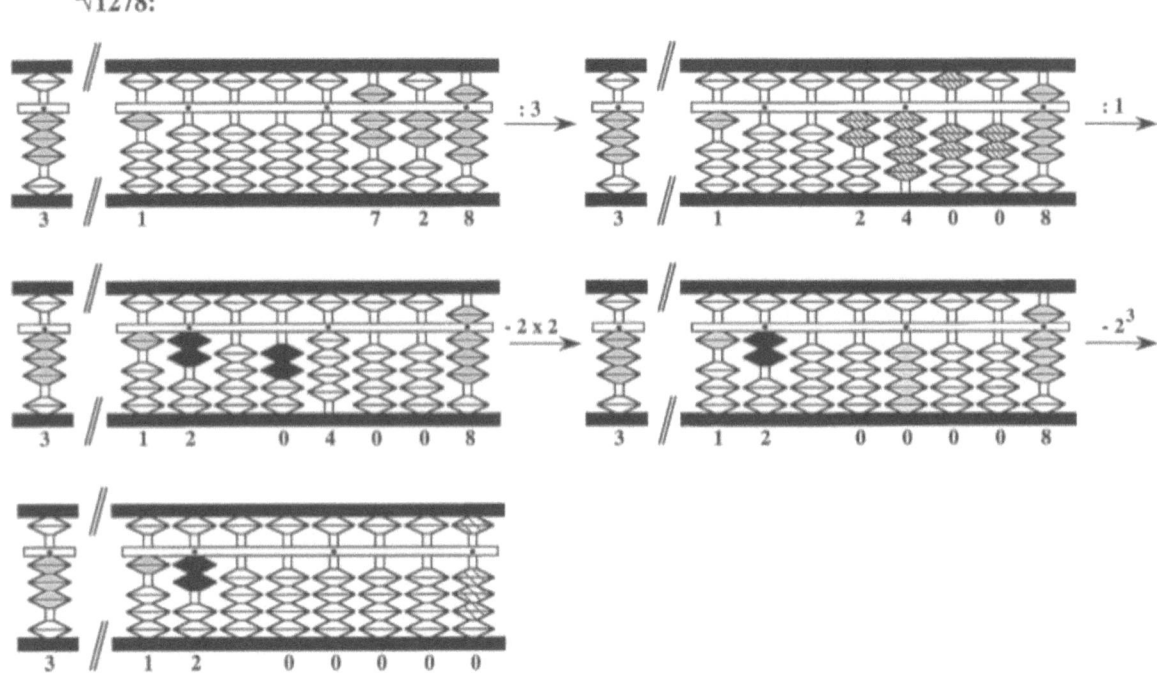

Abbildung 43: einfache Kubikwurzeln

∛238328:

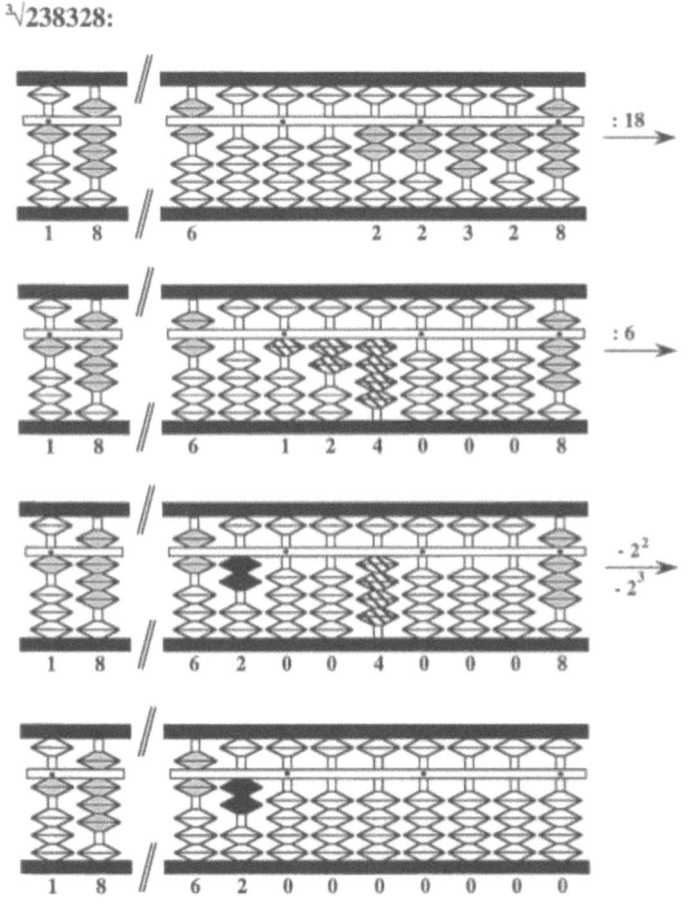

Abbildung 44: Kubikwurzeln

$\sqrt[3]{704961}:$

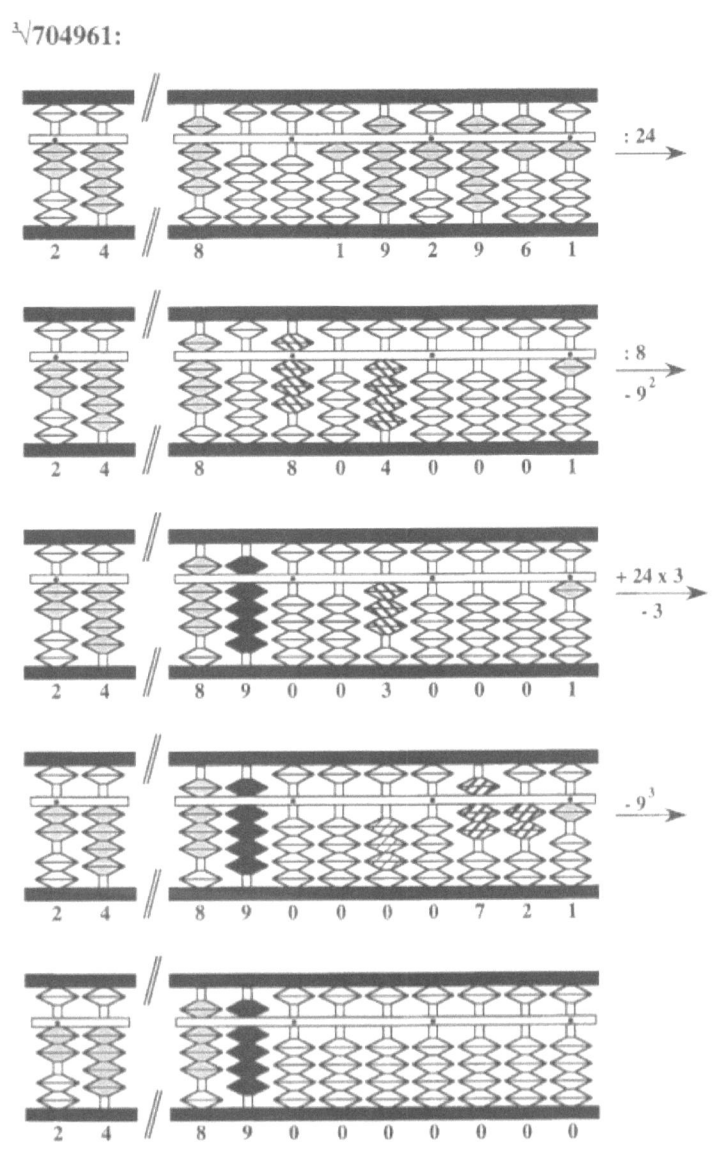

Abbildung 45: Schwierigere Kubikwurzeln

Quadratwurzel (√) aus	Ergebnis	Stelle des Ergebnisses
1	1	100.
4	2	100.
9	3	100.
16	4	100.
25	5	1000.
36	6	1000.
49	7	1000.
64	8	1000.
81	9	1000.

b.)

Kubikwurzel (^{3}√) aus	Ergebnis	Stelle des Ergebnisses
1	1	10000.
8	2	10000.
27	3	10000.
64	4	100000.
125	5	100000.
216	6	100000.
343	7	100000.
512	8	100000.
729	9	100000.

Tabelle 1: Einstellung des Ergebnisses aus einer Quadratwurzel (a.) und Kubikwurzel (b.)

Danksagung

Seit 1986 bietet die Osaka Abacus Association mit finanzieller Unterstützung der Industrie- und Handelskammer Osakas Solobankurse für Ausländer an. Die Kurse sind kostenlos und werden von dem Direktor der Osaka Abacus Association, Herrn Ken Moritomo, geleitet. Dort konnte ich für zwei Jahre das Solobanrechnen erlernen. Für seine ununterbrochene Hilfe und für die Bereitstellung des Materials für dieses Buch gilt Herrn Ken Moritomo mein besonderer Dank. Weiterhin danke ich allen Lehrern des internationalen Solobankurses, besonders meinen beiden Lehrerinnen Frau Mikio Yamashita und Frau Fumiko Hokyo für ihre ständige Hilfsbereitschaft und Motivierung.

Literatur

Ken Moritomo. Japanese culture: learn the soroban (abacus):
http://www.soroban.com/school_eng.html

Lost in calculations no more. kansaiscene, April 1, 2013.
https://www.kansaiscene.com/2013/04/lost-in-calculation-no-more/

Inhaltsverzeichnis

Zusammenfassung, 2

Schneller al sein Taschenrechner, 4

Das Lesen der Zahlen, 4

Das Verschieben der Rechensteine, 6

Herkunft und Entwicklung des Solobans, 7

Addition und Subtraktion, 8

Multiplikation, 10

Division, 13

Negative Zahlen, 17

Anzan: Kopfrechnen mit der Solobantechnik, 18

Wurzelrechnen, 19

Prüfungen, 24

Zukunft des Solobans, 25

Abbildungen, 26

Tabelle 1, 56

Danksagung, 57

Literatur, 58